普通高等教育"十三五"规划教材

工业控制网络

王 海 主编

化学工业出版社
·北京·

本书着眼于控制网络技术在自动化工程方面的实际应用，并兼顾通信产品开发的初步知识，内容涉及了主流现场总线原理、具体的工业控制网络应用实例、控制网络的规划设计等。全书共分6章，包括数字通信及网络技术基础、Modbus网络及应用，PROFIBUS-DP总线及应用、CIP网络、工业以太网及OPC技术、工业控制网络的设计与应用。

为方便教学，本书配套电子课件。

本书可作为普通高等院校自动化、机电一体化等专业的教材，并可供相关工程技术人员使用。

图书在版编目（CIP）数据

工业控制网络/王海主编．—北京：化学工业出版社，2018.2（2023.2重印）

普通高等教育"十三五"规划教材

ISBN 978-7-122-31363-8

Ⅰ．①工…　Ⅱ．①王…　Ⅲ．①工业控制计算机-计算机网络-高等学校-教材　Ⅳ．①TP273

中国版本图书馆CIP数据核字（2018）第009743号

责任编辑：韩庆利　　　　　　　　　　　　　　文字编辑：张绪瑞
责任校对：边　涛　　　　　　　　　　　　　　装帧设计：关　飞

出版发行：化学工业出版社（北京市东城区青年湖南街13号　邮政编码100011）
印　　刷：三河市航远印刷有限公司
装　　订：三河市宇新装订厂
787mm×1092mm　1/16　印张11　字数267千字　2023年2月北京第1版第5次印刷

购书咨询：010-64518888　　　　　　　　　　　售后服务：010-64518899
网　　址：http://www.cip.com.cn
凡购买本书，如有缺损质量问题，本社销售中心负责调换。

定　　价：28.00元

前　言

以各类现场总线、工业以太网、工业无线网络为基础的工业控制网络，其触角延伸到社会生产各个领域，发展速度惊人，越来越被重视。在 PLC、CNC、机器人控制技术相对成熟之后，控制领域正在由单一的独立式结构向工业控制网络化、管控一体化、综合自动化方向发展，这种集成也成为现代企业信息化建设的典型实现模式。

在工业自动化领域占有主要份额的各大生产商都力推自己的现场控制总线，包括西门子公司的 PROFIBUS、ProfiNet，AB 公司的 DeviceNet、ControlNet、EtherNetIP，施耐德公司的 Modbus、MB＋、Modbus TCP/IP 等。PLC 的控制网络无处不在，大到组成几万点的庞大控制系统，小到一个简单的 PLC 与变频器、仪表之间的通信。

从控制应用领域看，包括电机驱动与控制，电器/变电/配电/继电保护装置、制造装备、航空航天设备、舰船、装甲车辆均使用各种工业控制网络系统。在机械制造行业中，各种 CNC、PLC、机器人加工设备，自动化生产线，采用各种工业控制网络技术进行集成。

工业控制网络发展的特点还包括：将现有的通用技术应用于控制领域，基于光纤、各种GPRS、3G、无线数传技术的控制网络，打破控制系统敷线限制，极大地拓展了控制系统的应用范围。

控制网络协议的开放，使得众多的厂家进入第三方开发市场，涌现出很多能够接入现场总线的智能从站产品。

控制系统网络化，使得系统配置灵活、扩展方便、造价低、性能好，更具开放性。导致自动化领域发生了深刻变革，成为自控技术的热点。

工业自动化领域正在经历从传统的控制系统到以网络化为特征的控制系统的转变，掌握好工业控制的网络技术，是适应当前科技发展的必然选择，各高校近年都相继开设"工业控制网络"课程以及控制网络向管理网络融合的各种软件技术课程。

本书着眼于控制网络技术在（机械）自动化工程方面的实际应用，并兼顾通信产品开发的初步知识，内容涉及主流现场总线原理，具体的工业控制网络应用实例，控制网络的规划设计等。本书需要有 PLC 的基础及对计算机网络的初步了解，适用于自动化、机电一体化等专业的本科生学习，也可供相关工程技术人员参考。

全书共分 6 章：第 1 章数字通信及网络技术基础；第 2 章 Modbus 网络及应用；第 3 章PROFIBUS-DP 总线及应用；第 4 章 CIP 网络；第 5 章工业以太网及 OPC 技术；第 6 章工业控制网络的设计与应用。本书中的工程实例来自作者的科研项目实践。第 1～2 章由王海、王芳编写，第 3 章由王海、李艳娟编写，第 4～6 章由王海、梁海成编写，全书由王海统稿。

本书配套电子课件，可免费赠送给用书的院校和老师，如果需要，可登录化学工业出版社教学资源网 www.cipedu.com.cn 下载。

尽管编者已经力求做得更好，但由于编者水平、视野所限，而且工业控制网络技术还在不断发展和完善之中，书中难免有以偏概全、有失偏颇之处，恳请读者批评指正。

编者

目　录

第 6 章　工业控制网络的设计与应用 ······························ 155

第 1 章
数字通信及网络技术基础

1.1 数字通信基本原理

1.1.1 控制网络中常用术语

为给初学者一个关于工业控制网络的基本概念，首先做一个如图 1-1 所示的类比，在漆黑的环境里，每个人（控制器）之间只能通过唯一的共有管道（信道）去联系别人，信道是共用的，沟通的方式可以是向信道间歇地通断手电筒（信号，数字信号），每个人也都在观察从信道传来的信号，这就构成了分布式工业控制网络的基本模型。

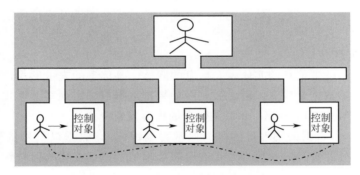

图 1-1　工业控制网络的类比

我们能体会到在这个环境里，让每个人的发言都有效，让有效的信息顺畅地在信道上传播出去，在这个系统中的每个人都必须遵守、追寻共同的规则，如何实现这些规则就是工业控制网络重要工作。

在此基础上，引出一些常用的术语：分布式控制（distribute control），网络结构（network architecture），主站（master），分站（或从站，slave），智能分站（intelligent station），信道（channel），传输介质（media），协议（protocol），数字通信（numerical communication）。

以往，针对在分布式环境中的控制系统，所有软硬件产品均采用某一品牌的称为集散控制系统 DCS（Distribute Control System），对于较为开放的称为现场总线 FCS（Fieldbus Control System），二者细致的区别这里不做阐述，使用中认识二者的共性比区别更重要。近年来很多无线、甚至借用公网的工业控制方式不断出现，本书将这些工业中使用的分布式网络统称工业控制网络。

控制网络中的网络结构以总线型为多，也有树形分支、环网结构，也可用交换式以太网构建，但相对于管理信息网络，结构还是简单，所以称作 Bus，而不是 Net。

主站是指能够在总线上主动发起通信的设备；从站是挂接在总线上，不能在总线上主动发起通信，只能对总线信息接收并进行响应的设备。

总线上可以有多个设备，这些设备可以是主站也可以是从站；总线上也可以有多个主站，这些主站都具有主动发起信息传输的能力。

网络中从站的类型也有多种，对具有较高智能、能够独立完成对所控对象的监控任务，只是向上级主站汇报状态信息，接受主站少量命令的从站，一般称为智能从站，如各种 PLC 作为从站时就是智能从站。相反，如西门子 ET200M 系列产品，除通信功能外无其他独立的控制功能，相当于本地 I/O 的延伸，这类分站称为远程 I/O。

传输介质是指发送设备到接收设备之间信号传递所经的媒介，它可以是电磁波、红外线等各波段的无线传输介质，也可以是双绞线、电缆、光缆等有线传输介质。

介质访问控制 MAC 总线协议，管理主、从设备使用总线的规则。有效利用传输介质是控制网络的重要内容。

协议是总线设备双方（多方）事先规定好，共同遵守的约定。

1.1.2 通信系统基本概念

数据通信是指依据通信协议、利用数据传输技术在两个（或多个）功能单元之间传递数据信息的技术，一般不改变数据信息内容。数据通信技术主要涉及通信协议、信号编码、通信接口、时间同步、数据交换、通信控制与管理、安全等问题。

（1）数据与信息

数据（Data）是携带信息的实体，是信息的载体，是信息的表示形式，可以是数字、字符、符号等。单独的数据并没有实际含义，但如果把数据按一定规则、形式组织起来，就可以传达某种意义。信息（Information）是数据的内容或解释。

信号（Signal）是数据的物理量编码（通常为电编码），数据以信号的形式传播。分为模拟信号和数字信号两种。模拟信号是指在时间和幅值上连续变化的信号，如传感器接收到的温度、压力、流量、液位等信号；数字信号是指在时间上离散的、幅值经过量化的信号，它一般是由 0、1 表示的二进制代码组成的数字序列。

（2）数据传输率

数据传输率是衡量通信系统有效性的指标之一，其含义为单位时间内传送的数据量，常用比特率 S 和波特率 B 来表示。

在数字信道上，比特率 S 是一种数字信号的传输速率，表示单位时间（1s）内传送的二进制代码的有效位（bit）数，单位有每秒比特数（bit/s）、每秒千比特数（kbit/s）或每秒兆比特数（Mbit/s）等。

波特率 B 是一种调制速率，指数据信号对载波的调制速率，用单位时间内载波调制状态的改变次数来表示，单位为波特（Baud）；或者说，在数据传输过程中线路上每秒钟传送的波形个数就是波特率，$B=1/T$，其中 T 为信号的周期。

比特率和波特率的关系为：$S=B\log_2 N$

其中，N 为一个载波调制信号表示的有效状态数。对两相调制，单个调制状态对应一个二进制位，表示 0 或 1 两种状态；对 4 相调制，单个调制状态对应两个二进制位，有 4 种状态；对 8 相调制，对应 3 个二进制位；依次类推。

例如，单比特信号的传输速率为 9600bit/s，则其波特率为 9600Baud，它意味着每秒钟可传输 9600 个二进制脉冲。如果信号由两个二进制位组成，当传输速率为 9600bit/s 时，则其波特率为 4800Baud。

（3）误码率

误码率是衡量通信系统线路质量的一个重要参数，误码率越低，通信系统的可靠性就越高。它的定义是二进制符号在传输系统中被传错的概率，近似等于被传错的二进制符号数 Ne 与所传二进制符号总数 N 的比值，即 $Pe = Ne/N$。在计算机网络通信系统中，误码率要求低于 10^{-6}，即平均每传输 1Mbit 数据才允许出现 1bit 或更少的错误数据。

（4）信道容量

信道（Channel）是以传输介质为基础的信号通路，是传输数据的物理基础。信道容量是指传输介质能传输信息的最大能力，以传输介质每秒钟能传送的信息比特数来衡量，单位为 bit/s，它的大小由传输介质的带宽、可使用的时间、传输速率及传输介质质量等因素决定。

（5）频带与基带传输方式

根据数据通信类型，网络中常用的通信信道分为两类：模拟通信信道与数字通信信道。相应地，用于数据通信的数据编码方式也分为两类：模拟数据编码和数字数据编码。

模拟数据编码是用模拟信号的不同幅度、不同频率、不同相位来表达数据的 0、1 状态的；数字数据编码是用高低电平的矩形脉冲信号来表达数据的 0、1 状态的。

频带传输中，用数字信号对载波 $S(t) = A\cos(\omega t + \psi)$ 的不同参量进行调制，$S(t)$ 的参量包括：幅度 A、频率 ω、初相位 ψ，调制就是要使 A、ω 或 ψ 随数字基带信号的变化而变化。

调制解调有三种基本形式，如图 1-2 所示：①幅移键控编码 ASK（Amplitude Shift Keying），用载波的两个不同振幅表示 0 和 1；②相移键控编码 PSK（Phase Shift Keying），用载波的起始相位的变化表示 0 和 1；③频移键控编码 FSK（Frequency Shift Keying），用载波的两个不同频率表示 0 和 1。

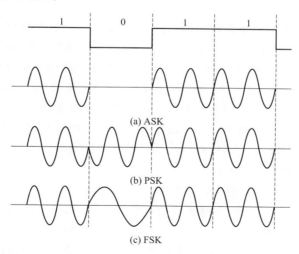

图 1-2　调制解调的三种形式

在发送端通过调制解调器将数字信号的数据编码波形调制成一定频率的模拟载波信号，使载波的某些特性按数据波形的某些特性而改变；当模拟载波信号传送到目的地后，再将载波进行解调（去掉载波），恢复为原数据波形的过程，如图 1-3 所示，这个过程称为调制（Modulator）与解调（Demodulator），数字信号经过调制解调的传输方式也称为宽带（Broad band）传输。

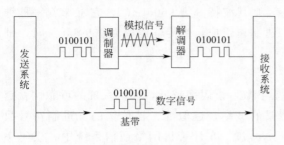

图 1-3　基带传输与宽带传输方式

HART 总线是典型的在低频 4～20mA 模拟线路上使用 FSK 频移键控技术，叠加频率数字信号进行双向数字通信的总线，二者互不干扰。数字信号的幅度为 0.5mA，数据传输率为 1200bit/s，1200Hz 代表逻辑"1"，2200Hz 代表逻辑"0"。HART 是最早出现的过渡型总线，但现在也广泛使用，尤其在本质安全要求下，对仪表的参数设置及监控方面。

基带（Base band）传输则不需要调制，编码后的数字脉冲信号直接在信道上传送，如图 1-3 所示。用高低电平的矩形脉冲信号来表达数据的 0、1 状态的，称为数字数据编码。基带传输可以达到较高的数据传输速率，是目前广泛使用的最基本的传输方式，如以太网。

(6) 多路复用技术

当多个信息源共享一个公共信道，而信道的传输能力大于每个信源的平均传输需求时，为提高线路利用率所采用的技术。复用类型主要有以下几种。

频分复用 FDM(Frequency Division Multiplexing)：整个传输频带被划分为若干个频率通道，每路信号占用一个频率通道进行传输。频率通道之间留有防护频带以防相互干扰。

波分复用 WDM(Wave Division Multiplexing)：实际上是光的频分复用，在光纤传输中被采用，整个波长频带被划分为若干个波长范围，每路信号占用一个波长范围来进行传输。

时分复用原理 TDM(Time Division Multiplexing)：把时间分割成小的时间片，每个时间片分为若干个时隙，每路数据占用一个时隙进行传输。

1.1.3　数字编码技术

在基带传输中的数据编码形式常见的有两类：（不归零）电平码和曼彻斯特编码。

归零码（RZ，Return to Zero）：每一位二进制信息传输之后均返回零电平。

非归零码（NRZ，Non-Return to Zero）：在整个码元时间内维持有效电平。二进制数字 0、1 分别用两种电平来表示，常用 -5V 表示 1，+5V 表示 0。非归零编码效率高，缺点是存在直流分量，传输中不能使用变压器，有线缆腐蚀等问题。

单极性码：信号电平为单极性，如逻辑 1 为高电平，逻辑 0 为低电平。

双极性码：信号电平为正负两种极性，如逻辑 1 为正电平，逻辑 0 为负电平。

图 1-4 所示为常见数据编码形式。

① 单极性归零码：有归零时间段，如图 1-4(a) 所示。

② 单极性非归零码：每个时刻都是有效电平，如图 1-4(b) 所示。

③ 双极性归零、双极性非归零码，如图 1-4(c)、(d) 所示。

④ 差分码：电平变化代表"1"，不变化代表"0"。又分为 2 种情形：a. 起始为高电平；b. 起始为低电平。差分码遵循"为 1 则变"的原则，如图 1-4(e) 所示。

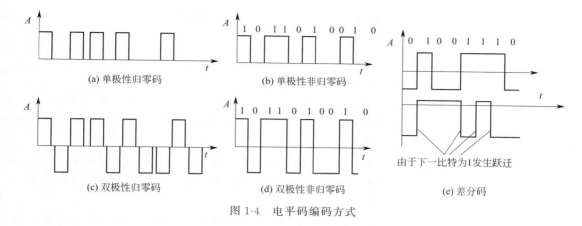

(a) 单极性归零码   (b) 单极性非归零码

(c) 双极性归零码   (d) 双极性非归零码   (e) 差分码

图 1-4　电平码编码方式

上述简单的基带信号的最大问题就是当出现一长串的连 1 或 0 时，在接收端无法从收到的比特流中提取位同步信号。接收和发送之间不能保持同步，所以要采用某种措施来保证发送和接收的时钟同步，于是出现了曼彻斯特编码。

⑤ 曼彻斯特编码。曼彻斯特编码（Manchester Code）用电压的变化表示 0 和 1，规定在每个码元的中间发生跳变：高→低的跳变代表 0，低→高的跳变代表 1。每个码元中间都要发生跳变，接收端可将此变化提取出来作为同步信号。

码元本身分为两半，前半个时段所传信号是该时间段传递比特值的反码，而后半个时段传递的是比特值本身。这种定义的典型应用是使用 802.3 协议的基带同轴电缆和 CSMA/CD 机制的双绞线中，ControlNet 等现场总线中使用的曼彻斯特编码的定义与上述定义正好相反，其中：{L,H}＝0，{H,L}＝1。

这种编码也称为自同步码（Self-Synchronizing Code）。数据自同步传输，不用另外采取措施对准，无累计误差，但需要双倍的传输带宽，即信号速率是数据速率的 2 倍。

差分曼彻斯特编码（Differential Manchester Code）是对曼彻斯特编码的一种改进，保留了曼彻斯特编码作为"自含时钟编码"的优点，仍将每比特中间的跳变作为同步之用，但是每比特的取值则根据其开始处是否出现电平的跳变来决定。差分曼彻斯特编码需要较复杂的技术，但变化少，可以获得较好的抗干扰性能，更适用于高频。这种定义使用在 802.5 令牌环双绞线网络中。

差分曼码是普通的差分码和曼码的结合，依然遵循"为 1 则变"原则。图 1-5 为曼码和

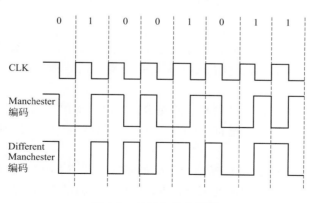

图 1-5　曼码和差分曼码

差分曼码的波形。

1.1.4 数据同步方式

在数据的传输中，有同步方式和异步方式之分。

同步传输多用于电路板元器件之间传送数据；短距离数据通信，如连接电缆在 30～40cm 甚至更短。同步传输适合高速传输，需要一条专线传输时钟信号。长距离数据通信时同步传输的代价较高，容易受到噪声的干扰。

异步传输中各设备之间的时钟同步对通信至关重要。异步传输中每个通信设备都有自己的时钟信号，通信设备之间必须在时钟频率上保持一致，所有时钟之间的误差必须保持在一定范围。传输开始时要求同步各设备的时钟。

异步传输并不要求收发两端在传送每一个数据位时都同步，例如在传输字符前设置一个起始位，预告传输即将开始，在代码和校验信号结束后，设置终止位，表示该字符结束。

异步传输的特点是易于实现，对线路和收发器的要求较低，但需要额外传输一个或多个同步字符或帧头而增加网络开销。

数据同步的目的是使接收端与发送端在时间基准上一致（包括开始时间、位边界、重复频率等）。异步传输中三种同步方法：位同步、字符同步、帧同步。

(1) 位同步（内同步）

位同步的目的是使接收端接收的每一位信息都与发送端保持同步，有下面两种方式：

外同步：发送端发送数据时同时发送同步时钟信号。既要送信号，还要送时钟，在串行通信站中不可行。

自同步：通过特殊编码（如曼彻斯特编码），这些数据编码信号包含了同步信号，接收方从中提取同步信号来锁定自己的时钟脉冲频率。

(2) 字符同步

以字符为边界实现字符的同步接收，也称为起止式或异步制。每个字符的传输需要 1 个起始位、5～8 个数据位、1 个（或 1.5 个或 2 个）停止位。字符同步方式没有位的时钟，靠一个字节一同步，是基于字节的同步。其中，1.5 位是按照时间长度计算的。

在每两个字符之间的间隔时间不固定时，频率的漂移不会积累，每个字符开始时都会重新同步。

字符同步增加了辅助位，降低传输效率，例如采用 1 个起始位、8 个数据位、2 个停止位时，其效率为 8/11＜72％。

(3) 帧同步

传输信息时，将线路上的数据流划分成报文分组或 HDLC（高级数据链路控制）规程的帧，以帧的格式进行传送。帧（Frame）是数据链路层的传输单位，是包含数据和控制信息的数据块。

识别一个帧的起始和结束，是更高层的同步。有以下常用方式。

面向字符的帧同步：以同步字符（SYN，16H）来标识一个帧的开始，适用于数据为字符类型的帧。

面向比特的帧同步：在 HDLC 通信规程中的帧标识位 F（01111110），就是用它来标识帧的开始和结束。通信时，当检测到帧标识 F，即认为是帧的开始，然后在数据传输过程中一旦检测到帧标识 F 即表示帧结束。以特殊位序列（7EH，即 01111110）来标识一个帧的开始，适用于任意数据类型的帧。

违例编码法：这在物理层采用特定的比特编码方法时采用。比如说，采用曼彻斯特编码方法时，将数据比特 1 编码成高-低电平对，而将数据比特 0 编码成低-高电平对。高-高或低-低电平对在数据比特的编码中都是违例的，可以借用这些违例编码的序列来定界帧的开始和结束。

字节计数法：这种方法首先用一个特殊字段来表示一帧的开始，然后使用一个字段来标明本帧内的字节数。当目标机的数据链路层读到字节计数值时，就知道了后面跟随的字节数，从而可确定帧结束的位置（面向字节计数的同步规程）。

1.1.5 差错控制

与语音、图像传输不同，计算机通信要求极低的差错率。产生差错的原因有：信号衰减、信号反射、冲击噪声（闪电、大功率电机的启停）等。种种原因造成信号幅度、频率、相位的畸变，使数据在传输过程中可能出错。

为了提高通信系统的传输质量，提高数据的可靠程度，应该对通信中的传输错误进行检测和纠正。传输中误码是必然的，分析错误纠正错误是必需的。有效地检测并纠正差错也被称为差错控制。目前还不可能做到检测和校正所有的错误。

计算机网络中，一般要求误码率低于 10^{-6}，即平均每传输 10^6 位数据仅允许错一位。若误码率达不到这个指标，可以通过差错控制方法进行检错和纠错。

实际的数据传输系统，不能笼统地说误码率越低越好，在数据传输速率确定后，误码率越低，数据传输系统设备越复杂，造价越高。计算机通信的平均误码率要求低于 10^{-9}。

数据通信中差错的类型一般按照单位数据域内发生差错的数据位个数及其分布，划分为单比特错误、多比特错误和突发错误三类。这里的单位数据域一般指一个字符、一个字节或一个数据包。

单比特错误：在单位数据域内只有 1 个数据位出错的情况，称为单比特错误。单比特错误是工业数据通信的过程中比较容易发生、也容易被检测和纠正的一类错误。

多比特错误：在单个数据域内有 1 个以上不连续的数据位出错的情况，称为多比特错误。多比特错误也被称为离散错误。

突发错误：在单位数据域内有 2 个或 2 个以上连续的数据位出错的情况，称为突发错误。发生错误的多个数据位是连续的，是区分突发错误与多比特错误的主要特征。

利用差错控制编码来进行差错控制的方法基本上有两类，一类是自动请求重发 ARQ（Automatic Repeat Request），另一类是前向纠错 FEC（Forword Errov Correction）。

在 ARQ 方式中，接收端检测出有差错时，就设法通知发送端重发，直到收到正确的码字为止。在 FEC 方式中，接收端不但能发现差错，而且能确定发生错误的位置，从而加以纠正。因此，差错控制编码又可分为检错码和纠错码。检错码是指能自动发现差错的编码，纠错码是指不仅能发现差错而且能自动纠正差错的编码。ARQ 方式只使用检错码，但必须有双向信道才可能将差错信息反馈至发送端。同时，发送方要设置数据缓冲区，用以存放已发出去的数据，以便知道出差错后可以调出数据缓冲区的内容重新发送。

FEC 必须用纠错码，但它可以不需要反向信道来传递请求重发的信息，发送端也不需要存放以备重发的数据缓冲区。虽然 FEC 有上述优点，但由于纠错码一般说来要比检错码使用更多的冗余位，也就是说编码效率低，而且纠错设备也比检错设备复杂得多，因而除非在单向传输或实时要求特别高（FEC 由于不需要重发，实时性较好）等场合外，数据通信中使用更多的还是 ARQ 差错控制方式。

有些场合也可以将上述两者混合使用，即当码字中的差错个数在纠正能力以内时，直接进行纠正；当码字中的差错个数超出纠正能力时，则检出差错，使用重发方式来纠正差错。

衡量编码性能好坏的一个重要参数是编码效率 R，它是码字中信息位所占的比例。若码字中信息位为 k 位，编码时外加冗余位为 r 位，则编码后得到的码字长度为 $n=k+r$ 位，由此编码效率 R 可表示为：$R=k/n=k/(k+r)$。显然，编码效率越高，即 R 越大，信道中用来传送信息码元的有效利用率就越高。

奇偶校验码、循环冗余码、校验和、海明码是几种最常用的差错控制编码方法。

1.1.5.1 奇偶校验

奇偶校验在实际使用时可分为水平奇偶校验（普通奇偶校验）、垂直奇偶校验和水平垂直奇偶校验等几种。

在水平奇偶校验中，一个单一的校验位（奇偶校验位）被加在每个单位数据域如字符上，使得包括该校验位在内的各单位数据域中 1 的个数是偶数（偶校验），或者是奇数（奇校验）。在接收端采用同一种校验方式检查收到的数据和校验位，判断该传输过程是否出错。如果规定收发双方采用偶校验，在接收端收到的包括校验位在内的各单位数据域中，如果出现的 1 的个数是偶数，就表明传输过程正确，数据可用；如果某个数据域中 1 的个数不是偶数，就表明出现了传输错误。

水平奇偶校验的方法简单，能够发现单位数据域中奇数个错误，不能发现单位数据域中偶数个错误。

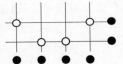
图 1-6　水平垂直奇偶校验

单纯垂直奇偶校验应用较少。水平垂直奇偶校验能够改善水平奇偶校验的不足之处，在少量数据块的传输中较为实用，其结构如图 1-6 所示，网格的每个交叉点为数据的一个码元（0、1），水平方向最后为水平奇偶校验码（实心点），垂直方向最下端为垂直奇偶校验码（实心点）。

水平垂直奇偶校验不仅可检错，还可用来纠正部分差错。例如数据块中仅存在 1 位错时，便能确定错码的位置就在某行和某列的交叉处，从而可以纠正它。

如果 2 个错误，能够发现，但不能纠正（不知错在哪），更多处错误则更无法识别出现错误的位置。

水平垂直奇偶校验"发现"的能力显著提高，只有"井"字形的错误才不能被发现，即在某个单位数据域内有两个数据位出现传输错误，而另一个单位数据域内相同位置碰巧也有两个数据位出现传输错误，水平垂直奇偶校验的结果会认为没有错误。

1.1.5.2 循环冗余校验（Cyclic Redundancy Check，CRC）

CRC 对传输序列进行一次规定的除法操作，双方约定生成一个多项式 $G(x)$，对数据进行模 2 除法，将除法操作的余数附加在传输信息的后边。在接收端，也对收到的数据做相同的除法。如果接收端除法得到的结果其余数不是零，就表明发生了错误。

基于除法的循环冗余校验，其计算量大于奇偶与求和校验，其差错检测的有效性也较高，它能够检测出大约 99.95% 的错误。

CRC 差错检测的原理比较简单，容易实现，已经得到了广泛应用。其中模 2 运算（异或运算）的规则如下：

① $0+0=0$，$0-0=0$，$0+1=1$，$0-1=1$，$1+0=1$，$1-0=1$，$1+1=0$，$1-1=0$；

② 不考虑进位、借位的二进制加减。

举例：数据为 110011，生成多项式为 $G(x)=X^4+X^3+1$（11001），模 2 运算产生余数的过程如下：

$$
\begin{array}{r}
100001 \\
11001\overline{)1100110000} \\
11001 \\
\overline{10000} \\
11001 \\
\overline{1001}
\end{array}
$$

得到的余数 1001 附加在数据的后面，作为校验数据，最后传输的数据为 1100111001。

接收端校验处理过程可采用下列两种之一。

① 1100111001 除以 11001，为 0 则表示传输正确，否则认为传输错误，请求重发。

② 提取信息码，重复发送端的操作，所得余数 $R'=R$（即 1001），则表示传输正确。

CRC 查错能力强，在计算机的很多领域都广泛应用，包括文件、数据的完整性校验等，CRC 方法有数学方面的依据，是"发现"错误不是"纠正"错误。

任何校验方法都不能百分之百发现、纠正错误，但检测可靠性在概率上是极高的，CRC 能够检测出所有奇数个错误，所有双比特错误，所有小于等于校验位长度的错。CRC 计算一般是可靠硬件来实现。

Modbus RTU 网络、CAN 总线中都采用 CRC。

1.1.5.3　校验和

除 CRC 外，校验和（Checksum）也被广泛采用，如在 Modbus ACSII 方式、PROFI-BUS-DP 总线、TCP/IP 协议中即采用校验和方法。

在发送端将数据分为 k 段，每段均为等长的 n 比特。将分段 1 与分段 2 做求和操作，再逐一与分段 3 至 k 做求和操作，得到长度为 n 比特的求和结果。将该结果取反后作为校验和放在数据块后面，与数据块一起发送到接收端。在接收端对接收到的、包括校验和在内的所有 $k+1$ 段数据求和，如果结果为零，就认为传输过程没有错误，所传数据正确。如果结果不为零，则表明发生了错误。

校验和通常只有 1 个字节，且多在长报文中使用，不会对通信有明显的影响。能检测出 95% 的错误，但与奇偶校验方法相比，增加了计算量。

1.1.5.4　海明码

纠正传输错误需要更多的冗余信息，实际的海明码是单比特位纠错编码。

在信息编码中，两个合法代码对应位上编码不同的位数称为码距，又称海明距离。

一个有效编码集中，任意两个码字的海明距离的最小值称为该编码集的海明距离。

给定某种构造校验位的算法，就能够造出包含全部合法码字的码字表（编码系统）。该码字表中必存在着两个码字之间的距离最小。海明距离决定了编码系统的检错和纠错能力。

为了检测 d 个错误，需要一个海明距离为 $d+1$ 的编码方案。因为在这样的编码方案中，d 个 1 位错误不可能将一个有效码字改成另一个有效码字。当接收方看到一个无效码字的时候，就知道已经发生了传输错误。类似地，为了纠正 d 个错误，需要一个距离为 $2d+1$ 的编码方案，因为在这样的编码方案中，合法码字之间的距离足够远，因而即使发生了 d 位变化，则还是原来的码字离它最近（概率原则），从而可以唯一确定原来的码字，达到纠错的目的。

例：用5个0和5个1的组合来确定一个编码集，{0000000000，0000011111，1111100000，1111111111}，该编码集可纠正2比特错。

海明码也利用了奇偶校验位的概念，在信息字段中插入若干位数据，用于监督码字里的哪一位数据发生了变化，具有一位纠错能力。海明码求解具体步骤：

例如"H"的 ASCII 码值为 1001000（7位）

在1，2，4，8位插入校验位P1，P2，P4，P8，即

┐┐1 ┐001 ┐000

因为3＝1＋2；5＝1＋4；…；9＝1＋8…，则可以认为第1位（最左侧的校验位）与第3,5,7,9,11位有关，1:∈(3,5,7,9,11)，即 P1＝D3＋D5＋D7＋D9＋D11（偶校验：偶数个1则为0），对其他三个校验位的值的确定方法，以此类推：

2:∈(3,6,7,10,11)

4:∈(5,6,7)

8:∈(9,10,11)

偶校验：1:0,2:0,4:1,8:0

结果：00 11 0 0 1 0 0 0 0（11位）

如果在接受方收到 0 0 1 1 1 0 1 0 0 0 0（11位），左起第五位错，S1错，S2对，S4错，S8对，则 S8S4S2S1＝0101，即十进制的5，则说明第5个位的数据发生单比特传输错误，将其改正。

海明码从左到右的 2^n 位为校验位，使其所负责的集合服从规定的奇偶校验。其效率＜7/11，单个位错误能够纠正，否则不能纠正，只能请求重发。当信道条件差时，将数据分割为多个小包发送是一种好方法。

1.1.6 RS-485 串行通信接口

工业控制网络最早是在 RS-485 上实现，绝大多数 Modbus 网络、PROFIBUS-DP 现场总线均采用 RS-485 作为物理层，RS-485 对工业控制网络有特殊的意义。

RS-485 由 RS-232、RS-422 转变而来。无论是 RS-485、RS-232 接口，还是 RS-422 接口，均可采用串行异步收发数据格式。

在串行端口的异步传输中，接收方一般事先并不知道数据会在什么时候到达。在它检测到数据并作出响应之前，第一个数据位就已经过去了。因此，每次异步传输都应该在发送的数据之前设置至少一个起始位，以通知接收方有数据到达，给接收方一个准备接收数据、缓存数据和作出其他响应所需要的时间。而在传输过程结束时，则应由一个停止位通知接收方本次传输过程已终止，以便接收方正常终止本次通信而转入其他工作程序。串行异步通信数据格式如图 1-7 所示。

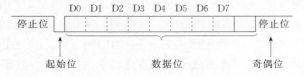

图 1-7 串行异步通信数据格式

若通信线上无数据发送，该线路应处于逻辑 1 状态（高电平）。当计算机向外发送一个字符数据时，应先送出起始位（逻辑 0，低电平），随后紧跟着数据位，这些数据构成要发送的字符信息。有效数据位的个数可以规定为 5、6、7 或 8。

奇偶校验位视需要设定，紧跟其后的是停止位（逻辑 1，高电平），其位数可在 1、1.5、2 中选择其一。

在传输过程中，从数据的流向上分，又分为单工、半双工、双工工作方式。

单工通信：信息传送始终朝着一个方向，不进行反向传送。发送端与接收端不变换角色，如设 A 为发送端，B 为接收端，数据只能从 A 传送至 B，而不能由 B 传送至 A。单工通信线路一般采用二线制。

半双工通信：指信息传输可在两个方向上进行，但同一时刻只限于一个方向传输。通信双方都具有发送器和接收器，双方可变换通信角色。

当 A 站向 B 站发送信息时，A 站将发送器连接在信道上，B 站将接收器连接在信道上，当 B 站向 A 站发送信息时，B 站则要将接收器从信道上断开，并把发送器接入信道；A 站则反之。半双工通信采用二线制线路，信道可改换传输方向

全双工通信：信息传输可同时在两个方向进行，相当于两个相反方向的单工通信的组合，常用于计算机-计算机之间的通信。全双工和半双工通信方式示意如图 1-8 所示。

图 1-8　全双工和半双工通信方式

RS-232、RS-422 与 RS-485 都是串行数据接口标准，它们都只对接口的电气特性做出规定，而不涉及接插件、电缆或协议，在此基础上用户可以建立自己的高层通信协议。

RS-232 是 PC 机与通信工业中应用最广泛的一种串行接口。RS-232 被定义为一种在低速率串行通信中增加通信距离的单端标准。RS-232 采取不平衡传输方式，即所谓单端通信。收、发端的数据信号是相对于信号地，其共模抑制能力差，再加上双绞线上的分布电容，其传送距离最大约为 15m，最高速率为 20kbit/s。RS-232 是为点对点（即只用一对收、发设备）通信而设计的，适合本地设备之间的通信。

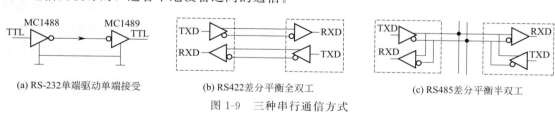

(a) RS-232单端驱动单端接受　　　(b) RS422差分平衡全双工　　　(c) RS485差分平衡半双工

图 1-9　三种串行通信方式

RS-422 由 RS-232 发展而来，它是为弥补 RS-232 之不足而提出的。为改进 RS-232 通信距离短、速率低的缺点，RS-422 定义了一种平衡通信接口，将传输速率提高到 10Mbit/s，传输距离延长到 1200m（速率低于 100kbit/s 时），并允许在一条平衡总线上连接最多 10 个接收器。RS-422 是一种单机发送、多机接收的单向、平衡传输规范。为扩展应用范围，电子工业协会 EIA 又于 1983 年在 RS-422 基础上制定了 RS-485 标准，增加了多点、双向通信能力，即允许多个发送器连接到同一条总线上，同时增加了发送器的驱动能力和冲突保护特性，扩展了总线共模范围，后命名为 TIA/EIA-485-A 标准。

RS-485 接口采用二线差分平衡传输，其信号定义如下：当采用＋5V 电源供电时，若差分电压信号为 −2500～−200mV 时，为逻辑"0"；若差分电压信号为 200～2500mV 时，为逻辑"1"；若差分电压信号为 −200～＋200mV 时，为高阻状态。

RS-485 的差分平衡电路，其一根导线上的电压是另一根导线上的电压值取反。接收器的输入电压为这两根导线电压的差值（$V_A - V_B$）。

RS-422 采用两对差分平衡线路，而 RS-485 只用一对。差分电路的最大优点是抑制噪声。由于在它的两根信号线上传递着大小相同、方向相反的电流，而噪声电压往往在两根导线上同时出现，一根导线上出现的噪声电压会被另一根导线上出现的噪声电压抵消，因而可以极大地削弱噪声对信号的影响。

RS-232、RS-422 和 RS-485 的电气参数见表 1-1。

表 1-1　RS-232、RS-422 和 RS-485 的电气参数

规定		RS-232	RS-422	RS-485
工作方式		单端	差分	差分
节点数		1 收 1 发	1 发 10 收	1 发 32 收
最大传输电缆长度/m		15	1200	1200
最大传输速率		20kbit/s	10Mbit/s	10Mbit/s
最大驱动输出电压/V		+/−25	−0.25～+6	−7～+12
驱动器输出信号电平（负载最小值）/V	负载	+/−15	+/−2.0	+/−1.5
驱动器输出信号电平（空载最大值）/V	空载	+/−25	+/−6	+/−6
驱动器负载阻抗/Ω		3000～7000	100	54

差分电路的另一个优点是不受节点间接地电平差异的影响。在非差分（即单端）电路中，多个信号共用一根接地线，长距离传输时，不同节点接地线的电压差异会引起信号的误读。差分电路则完全不会受到接地电压差异的影响。

RS-485 价格比较便宜，能够很方便地添加到任何一个系统中，支持比 RS-232 更长的距离、更快的速度以及更多的节点。RS-485 更适用于多台计算机或带微控制器的设备之间的远距离数据通信。

RS-485 网络的终端有终端电阻，当终端电阻等于电缆的特征阻抗时，可以削弱甚至消除信号的反射。特征阻抗是导线的特征参数，它的数值随着导线的直径、在电缆中与其他导线的相对距离以及导线的绝缘类型而变化。特征阻抗值与导线的长度无关，一般双绞线的特征阻抗为 100～150Ω。

RS-485 的驱动器必须能驱动 32 个单位负载加上一个 60Ω 的并联终端电阻，总的负载包括驱动器、接收器和终端电阻，不低于 54Ω。两个 120Ω 电阻的并联值为 60Ω，32 个单位负载中接收器的输入阻抗会使总负载略微降低；而驱动器的输出与导线的串联阻抗又会使总负载增大。最终需要满足不低于 54Ω 的要求。

还应该注意的是，在一个半双工连接中，在同一时间内只能有一个驱动器工作。如果发生两个或多个驱动器同时启用，一个企图使总线上呈现逻辑 1，另一个企图使总线上呈现逻辑 0，则会发生总线竞争，在某些元件上就会产生大电流。因此，所有 RS-485 的接口芯片上都必须有限流和过热关闭功能，以便在发生总线竞争时保护芯片。

串行数据通信的另外一种方式 TTY 也称为电流环，TTY 是远传通信用的电流环，是早

期用于远程传输 RS-232 串口的一种电流信号。电流信号比电压信号传输更远。TTY 的电流信号分为有/无，大小大约为 20mA，分别代表信号 0/1 或者 1/0。由于 TTY 没有统一的国际标准，所以各个厂家的 TTY 之间未必可以相互通信。从 RS-232 转换出来的 TTY 信号分有源和无源电流环，TTY 是数字信号。

1.2　介质访问控制 MAC

1.2.1　网络拓扑结构

网络的拓扑结构是指网络中各节点的互联形式。在局域网（Local Area Network，LAN）中，常见的拓扑结构有星形、树形、环形、总线形等，如图 1-10 所示。

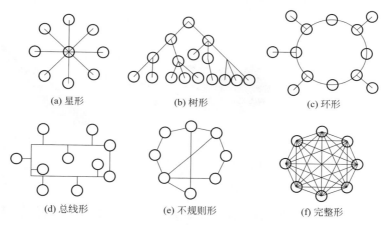

|(a) 星形|(b) 树形|(c) 环形|
|(d) 总线形|(e) 不规则形|(f) 完整形|

图 1-10　网络的拓扑结构

① 星形结构。其连接特点是每个节点点对点连接到中心站，节点间的通信必须经过中心站，这样的连接便于系统集中控制、易于维护且网络扩展方便，但这种结构中心站的任务繁重，而每个节点的通信处理负担很小，要求中心站必须具有极高的可靠性，否则中心站一旦损坏，整个系统便趋于瘫痪，对此中心站通常采用双机热备份，以提高系统的可靠性。几台计算机通过 HUB 相互连接的方式就是典型的星形拓扑结构。

② 树形结构。其传输介质是不封闭的分支电缆，网络适应性强。可认为是星形拓扑或总线形拓扑的扩展形式，用多接点并联连接的接线盒取代星形结构的中心节点。一个站发送数据，其他站都能接收。因此，树形拓扑也可完成多点广播式通信。

③ 环形结构。通过网络节点的点对点链路连接，构成一个封闭的环路。信号在环路上从一个设备到另一个设备单向传输，直到信号传输到目的地为止。每个设备只与逻辑或空间上与它相连的设备链接，信号只能单向传输。如果 $N+1$ 端需将数据发送到 N 端，则几乎要绕环一周才能到达 N 端。

这种结构容易安装和重新配置，接入和断开一个节点只需改动两条连接，可以减少初期建网的投资费用；每个节点只有一个下游节点，不需要路由选择；可以消除端用户通信时对中心系统的依赖性，但某一节点一旦失效，整个系统就会瘫痪。

由于多个节点共享环路，需要某种访问控制方式。

④ 总线形结构。总线形结构在 LAN 中使用最普遍，连接布线简单、扩充容易、成本低廉，如图 1-10(d) 所示。其连接特点是端用户的物理媒体由所有设备共享，各节点地位平等，无中心节点控制。总线上一个节点发送数据，所有其他节点都能接收。总线拓扑可以发送广播报文。某个节点一旦失效不会影响其他节点的通信，但使用这种结构必须解决的一个问题是确保端用户发送数据时不能出现冲突。每次只能由一个节点发送信息，要确保各节点发送数据时不能出现冲突，网络可以广播发送。

1.2.2 传输介质

传输介质也称为传输媒质或通信介质，是指通信双方用于传输彼此信息的物理通道，通常分为有线传输介质和无线传输介质两大类。有线传输介质使用物理导体，提供从一个设备到另一个设备的通信通道；无线传输介质通常使用超短波、微波，在空间广播传输信息。在工业控制网络中常用的有线传输介质为双绞线、同轴电缆和光缆等，其外形分别如图 1-11 所示。

(a) 双绞线　　　　　　　　(b) 同轴电缆　　　　　　　　(c) 光纤

图 1-11　常用的传输介质

(1) 双绞线

双绞线是目前最常见的一种传输介质，用金属导体来接收和传输通信信号，可分为非屏蔽双绞线（Unshielded Twisted Pair，UTP）和屏蔽双绞线（Shielded Twisted Pair，STP）。

每一对双绞线由绞合在一起的相互绝缘的两根铜线组成。把两根绝缘的铜线按一定密度绞合在一起，可降低信号干扰的程度，每一根导线在传输中辐射的电波也会被另一根导线上发出的电波抵消。

屏蔽双绞线有较好的屏蔽性能，所以也具有较好的电气性能，价格较贵。

把多对双绞线放在一个绝缘套管中便成了双绞线电缆，如局域网中常用的 5 类、6 类、7 类双绞线就是由 4 对（非屏蔽）双绞线组成的，较为低廉，所以目前双绞线仍是企业局域网中首选的传输介质。

双绞线既可以传输模拟信号又可以传输数字信号。对于模拟信号，每 5~6km 需要一个放大器；对于数字信号，每 2~3km 需一个中继器。

(2) 同轴电缆

如图 1-11 所示，同轴电缆分为四层。内导体是一根铜线，铜线外面包裹着泡沫绝缘层，再外面是由金属或者金属箔制成的导体层，最外面由一个塑料外套将电缆包裹起来。其中铜线用来传输信号；网状金属屏蔽层一方面可以屏蔽噪声，另一方面可以作为信号地；绝缘层通常由陶制品或塑料制品组成，它将铜线与金属屏蔽层隔开；塑料外套可使电缆免遭物理性破坏，通常由柔韧性好的防火塑料制品制成。这样的电缆结构既可以防止自身产生的电干扰，也可防止外部干扰。

经常使用的同轴电缆有两种：一种是 50Ω 电缆，用于数字传输，由于多用于基带传输，也叫基带同轴电缆；另一种是 75Ω 电缆，多用于模拟信号传输。

常用同轴电缆连接器是卡销式连接器，将连接器插到插口内，再旋转半圈即可，安装十分方便。T 形连接器（细缆以太网使用）常用于分支的连接。

同轴电缆的数据传输速度、传输距离、可支持的节点数、抗干扰性能都优于双绞线，成本也高于双绞线，但低于光缆。安装相对简单且不易损坏。

（3）光缆

光导纤维是目前最先进、最有效的传输介质，用于以极快速度传输巨大信息的场合。它是一种传输光束的细微而柔韧的媒介，简称为光纤。在它的中心部分有一根或多根玻璃纤维，通过从激光器或发光二极管发出的光波穿过中心纤维来进行数据传输。光纤有以下特点。

① 抗干扰性好。光缆中的信息是以光的形式传播的，由于光不受外界电磁干扰的影响，而且本身也不向外辐射信号，所以光缆具有良好的抗干扰性能，适用于长距离的信息传输以及要求高度安全的场合。

② 具有更宽的带宽和更高的传输速率，且传输能力强。

③ 衰减少，无中继时传输距离远。这样可以减少整个通道的中继器数目，而同轴电缆和双绞线每隔几千米就需要接一个中继器。

④ 光缆本身费用昂贵，对芯材纯度要求高。

在使用光缆互联多个小型机的应用中，必须考虑光纤的单向特性。如果要进行双向通信，就应使用双股光纤，一个用于输入，一个用于输出。由于要对不同频率的光进行多路传输和多路选择，因此又出现了光学多路转换器。

光缆连接采用光缆连接器，安装要求严格。如果两根光缆间任意一段芯材未能与另一段光纤或光源对正，就会造成信号失真或反射；如果连接过分紧密，则会造成光线改变发射角度。

1.2.3 介质访问控制

不管采用总线结构还是环形结构的网络，网络设备共享传输介质，为解决在同一时间多个设备同时争用传输介质的问题，介质访问控制（MAC）起到关键作用。

IEEE 802 系列标准是 IEEE 802 LAN/MAN 标准委员会制定的局域网、城域网技术标准，其组成及相互关系如图 1-12 所示。其中最广泛使用的有以太网、令牌环、无线局域网等。

IEEE 802.3：以太网介质访问控制协议（CSMA/CD）及物理层技术规范。

IEEE 802.4：令牌总线网（Token-Bus）的介质访问控制协议及物理层技术规范。

IEEE 802.5：令牌环网（Token-Ring）的介质访问控制协议及物理层技术规范。

802.10 安全和保密	802 概述及体系结构	802.1 网络管理	802.1 桥接							网际层
			802.2 逻辑链路控制							LLC
			802.3 CSMA/CD	802.4 Token Bus	802.5 Token Ring	802.6 MAN	802.9 IISLAN	802.11 WLAN	802.12 DPAM	MAC
			802.3 物理层	802.4 物理层	802.5 物理层	802.6 物理层	802.9 物理层	802.11 物理层	802.12 物理层	物理层

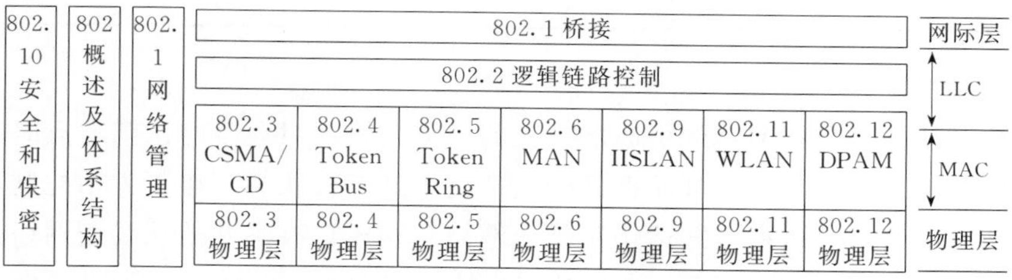

图 1-12　IEEE802 协议及内部各标准间的关系

(1) CSMA/CD

载波监听多路访问/冲突检测（Carrier Sense Multiple Access/Collision Detection，CS-MA/CD）是一种分布式介质访问控制协议，IEEE802.3 是载波侦听多路访问局域网的标准。

这种传送方式允许网络中的各节点自由发送信息，但如果两个以上的节点同时发送信息则会出现线路冲突，采用 CSMA/CD 方式处理。

每个站在发送数据帧之前，首先要进行载波监听，只有介质空闲时，才允许发送数据帧。如果两个以上的站同时监听到介质空闲并发送帧，则会产生冲突现象，会使发送的帧都成为无效帧，发送随即宣告失败。每个站必须有能力随时检测冲突是否发生，一旦发生冲突，则应停止发送，然后随机延时一段时间后，再重新争用介质，重新发送帧。网中的各个节点都能独立地决定数据帧的发送与接收，采用点到点或广播式通信。

CSMA/CD 先听后发、边听边发、冲突停止、随机延迟再发，好像在一个无人主持的讨论会上，一群有礼貌的人们在讨论问题，没有主持人大家也都能有序发言。也像是在车辆少时的交通路口，只有黄灯闪烁，车辆也能有序通行。

CSMA/CD 控制方式原理比较简单、技术上容易实现；网络中各工作站处于平等地位，不需集中控制，不提供优先级控制；但在网络负载增大时，冲突概率增加，发送效率急剧下降；因此 CSMA/CD 控制方式常用于总线型网络、且通信负荷较轻的场合。

(2) 令牌网

这种传送方式对介质访问的控制权是以令牌（TOKEN）为标志的：只有得到令牌的节点才有权控制和使用网络，物理拓扑可以是总线形网络也可以是环形网络结构。IEEE802.4 是总线令牌网的标准，IEEE802.5 是环形令牌网的标准。

令牌传送实际上是一种按预先的安排让网络中各节点依次轮流占用通信线路的方法，传送的次序由用户根据需要预先确定，而不是按节点在网络中的物理次序传送。

令牌网是一种有规划、有控制、有组织的网络，当出现下列情况时节点必须交出令牌：①本节点已发完要发送的数据；②本节点根本没有数据要发；③令牌持有最大时间限制到。

维护令牌是网络上所有节点的责任，与令牌相关的必不可少的处理包括：节点的自由上/下线，令牌传递，令牌丢失处理等。令牌网与 CSMA/CD 网的比较见表 1-2。

表 1-2　令牌网与 CSMA/CD 网的比较

项　　目	令牌网	CSMA/CD
实时性	√	×
负载敏感性	低	高
价格通用性	×	√

(3) 主从方式

严格讲，主从方式是在网络的更高层定义的，但表现在对介质的访问特点时，网络中的主站周期性地轮询各从站节点，被轮询到的从站向主站汇报状态、接受主站控制，从站节点一般不会主动发出信息。这种方式适用于星形网络结构或具有主站的总线型网络拓扑结构。

Modbus 网络和 PROFIBUS-DP 主从结构均按照这种方式工作，也按照这种方式对介质访问进行控制。

(4) CSMA/NBA

CAN 总线对 MAC 访问控制采用"优先级仲裁"机制，即带非破坏性逐位仲裁的载波侦听多址访问（Carrier Sense Multiple Access/ Nondestructive Bit-Wise Arbitration，CS-MA/NBA），这是一种与上述三种方法都截然不同的做法。

CAN 协议规范定义总线数值为两种互补的逻辑数值之一："显性"（逻辑 0）和"隐性"（逻辑 1）。任何发送设备都可以驱动总线为"显性"，当同时向总线发送"显性"位和"隐性"位时，最后总线上出现的是"显性"位，当且仅当总线空闲或发送"隐性"位期间，总线为"隐性"状态。

在总线空闲时，每个节点都可尝试发送，但如果多于两个的节点同时开始发送，发送权的竞争需要通过 11bit 标识符的逐位仲裁来解决。

标识符值越小，优先级越高，标识符值小的节点在竞争中为获胜的一方。这种机制不同于以太网，总线上不会发生冲突，竞争中获胜的节点可以继续发送，直到完成为止。

1.3　网络协议模型

1.3.1　OSI 网络协议模型

要保证在复杂网络环境下的可靠工作是很复杂的事情，将各种功能分层处理，各层职责任务明确，能够降低网络系统开发难度，增加其可靠性，基于这样的思想，出现网络的多层结构模型。

在网络中的三个经常提及的基本概念：服务（Service）、接口（Interface）、协议（Protocol），三者关系如图 1-13 所示，服务是下层提供给上层的功能，接口是上层使用下层功能的使用方式，以各种功能调用的方式使用；协议则是节点间的同层功能间的约定。

图 1-13　服务、接口、协议的关系

OSI（Open System Interconnection）是国际化标准组织 ISO（International Standard Organization）在网络通信方面所定义的开放系统互连模型，1978 年 ISO 定义了这样一个开放协议标准。有了这个开放的模型，各网络设备厂商就可以遵照共同的标准来开发网络产品，最终实现彼此兼容。OSI 结构如下。

(1) 物理层（Physical Layer）

这是整个 OSI 参考模型的最底层，是整个网络的基础，它的任务就是提供网络的物理连接。物理层建立在物理介质上（而不是逻辑上的协议和会话），它提供的是机械和电气接口。主要包括电缆、物理端口和附属设备，如双绞线、同轴电缆、RJ-45 接口、串口和并口等在网络中都是工作在这个层次的。

物理层提供有关数据单元顺序化、数据同步和比特流在物理媒介上的传输手段。

(2) 数据链路层（Datalink Layer）

数据链路层是建立在物理传输能力的基础上，以帧为单位传输数据，它的主要任务就是进行数据封装和数据链接的建立。封装的数据信息中，地址段含有发送节点和接收节点的地址，控制段用来表示数据连接帧的类型，数据段包含实际要传输的数据，差错控制段用来检测传输中帧出现的错误。

数据链路层的功能包括：数据链路连接的建立与释放、构成数据链路数据单元、数据链路连接的分裂、定界与同步、顺序和流量控制和差错的检测和恢复等方面。

（3）网络层（Network Layer）

网络层解决的是网络与网络之间，即网际的通信问题，而不是同一网段内部的事。网络层的主要功能是提供路由，即选择到达目标节点的最佳路径，并沿该路径传送数据包。除此之外，网络层还要能够消除网络拥挤，具有流量控制和拥挤控制的能力。网络边界中的路由器就工作在这个层次上，现在较高档的交换机也可直接工作在这个层次上，因此它们也提供了路由功能，俗称"第三层交换机"。

IP 地址是网络层的核心，路由器工作是基于节点的 IP 地址，而不是 MAC 地址。网络层关注是否找到目标节点（建立连接路径），而报文是否到达目的节点，是否被对方正确接受，则是上一层——传输层所关注的。

网络层的功能包括：建立和拆除网络连接、路径选择和中继、网络连接多路复用、分段和组块、服务选择和流量控制。

（4）传输层（Transport Layer）

传输层解决的是数据在网络之间的传输质量问题，它属于较高层次。传输层用于提高网络层服务质量，提供可靠的端到端的数据传输，如常说的 QoS 就是这一层的主要服务。这一层主要涉及的是网络传输协议，它提供的是一套网络数据传输标准，如 TCP 协议。

传输层的功能包括：映像传输地址到网络地址、多路复用与分割、传输连接的建立与释放、分段与重新组装、组块与分块。

（5）会话层（Session Layer）

会话层利用传输层来提供会话服务，会话可能是一个用户通过网络登录到一个主站，或一个正在建立的用于传输文件的会话。

会话层的功能主要有：会话连接到传输连接的映射、数据传送、会话连接的恢复和释放、会话管理、令牌管理和活动管理。

（6）表示层（Presentation Layer）

表示层负责在不同的数据格式之间进行转换操作，以保证一个系统应用层发出的数据能被另一个系统的应用层读出，从而实现不同计算机系统间的信息交换。如果通信双方用不同的数据表示方法，它们就不能互相理解。表示层就是用于屏蔽这种不同之处。

表示层的功能主要有：数据语法转换、语法表示、表示连接管理、数据加密和数据压缩。

（7）应用层（Application Layer）

这是 OSI 参考模型的最高层，它解决的也是最高层次，即程序应用过程中的问题，它直接面对用户的具体应用。应用层包含用户应用程序执行通信任务所需的协议和功能，如电子邮件和文件传输等，在这一层中 TCP/IP 协议中的 FTP、SMTP、POP 等协议得到了充分应用。

ISO/OSI 模型是一个理论模型，在实际网络系统中都遵循分层思想，但与之不尽相同。最具影响力和应用最广泛的是 TCP/IP（Transmission Control Protocol/Internet Protocol，传输控制协议/互联网协议）模型，TCP/IP 由四个层次组成：网络接口层、网间网层、传输层、应用层，互联网层下面的网络接口层，TCP/IP 并没有真正描述，只是指出主机必须使用某种协议与网络连接。TCP/IP 与 ISO/OSI 模型的对应关系如图 1-14 所示。

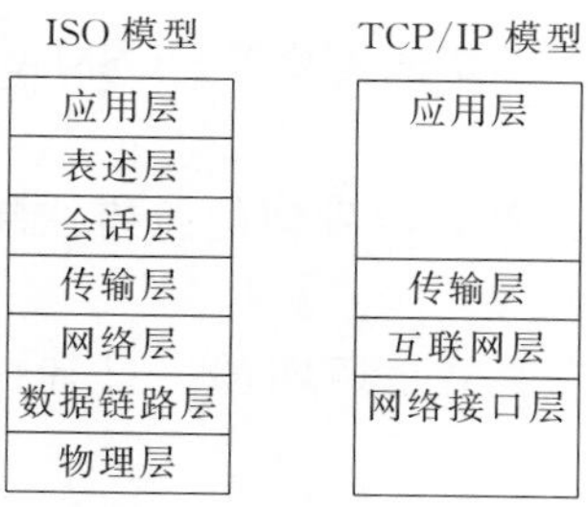

1.3.2　数据链路层与数据封装

ISO 模型

| 应用层 |
| 表述层 |
| 会话层 |
| 传输层 |
| 网络层 |
| 数据链路层 |
| 物理层 |

TCP/IP 模型

| 应用层 |
| 传输层 |
| 互联网层 |
| 网络接口层 |

图 1-14　TCP/IP 与 ISO/OSI
模型的对应关系

数据链路层是 OSI 模型的第 2 层，该层协议处理两个由物理通道直接相连的相邻节点之间的通信，保证其点到点（或点到多点）的正确传输。

数据链路层协议提高数据传输的效率，为其上层提供透明的无差错的通道服务，让高层协议免于考虑物理介质的可靠性问题，而把通道看做无差错的理想通道。

数据链路层的主要功能有：数据链路的建立、维护和拆除；数据成帧（信息格式、数量、顺序编号）；收发同步、收发确认、收发流量调节；传输差错控制，包括防止信息丢失，重复和失序的方法。检测差错一般采用循环冗余（CRC）等校验，纠正差错采用计时器恢复和自动请求重发等技术。

一个报文是由若干个字符组成的完整的信息。直接对冗长的报文进行检错和纠错，不但原理和设备十分复杂，而且效率很低，往往无法实际采用。通常把报文按照一定要求分块，每个块加上一定的头信息，指明该块的源地址和目的地址、属于哪个报文、是该报文的第几个块，是否属于报文的第一个或最后的子块。这样的块称为包或分组（packet）。

在相邻两点间（或主机与节点间）传输这些包时，为了差错控制，还要加上一层"封皮"，就构成了帧（frame）。这层封皮分头尾两部分，把数据包夹在中间。当帧从一个节点传到另一个节点后，帧的头尾被用过后取消，数据包的内容原封不动。若收到帧的节点还要把该包传至下一节点，另加上新的头尾信息。因此，帧是数据链路层的传输单位。数据链路层协议又称为帧传送协议。

数据链路是在两个网络节点之间保证数据正常交换的通路，相邻节点间传输一个帧可能出现的差错有位出错、帧丢失、帧重复、帧顺序错等。

链路层协议要针对这些情况加以解决，保证所传送信息在内容上、顺序上都正确。位出错的分布规律及出错位的数量很难限制在预定的简单模式之中，一般采用漏检率极其微小的CRC 检错码再加反馈重传的方法解决。帧丢失是通信线路受较长时间的连续干扰，通信设施的瞬间失效或通信双方失去同步造成的，而帧重复和帧顺序错则是反馈重传方法带来的副作用。为了发现帧丢失、帧重复及帧顺序错等错误，通常采用给帧进行编号来解决。

发送方数据链路层的具体工作是接收来自高层的数据，并将它加工成帧，然后经过物理通道将帧发送给接收方。帧包含头、尾，控制信息、数据、校验信息等部分，校验信息、头、尾部分一般由发送设备的硬件实现，数据链路层不必考虑其实现方法。当帧到达接收站时，首先检查校验信息。若校验信息错，则向接收计算机发出校验信息错的中断信息；若校验信息正确，确认无传输错误，则向接收计算机发送帧正确到达信息；接收方的数据链路层应检查帧中的控制信息，确认无误后，才将数据部分送往高层。

数据的正确性检查工作主要在第二层——数据链路层完成，针对校验没能够发现的错误，在网络的上层也会发现其含义的错误。

另外，物理连接与数据链路连接是有区别的。数据链路连接是建立在物理连接之上的。一个物理连接生存期间允许多个数据链路生存期。数据链路连接释放时，物理连接不一定要释放。

IEEE 802 委员会将 OSI 参考模型中数据链路层细分为介质访问控制（MAC）层、逻辑链路控制（LLC）层两个子层。

MAC 子层主要负责对总线的"交通"管理，总线占用情况监控、奇偶校验等，CSMA/CD 就是 MAC 功能。

与媒体接入无关工作的功能都放在 LLC 子层。如上层数据的成帧，收发帧的差错控制（校验位、自动重复、缓存），帧的接受，上层服务请求。

在 LLC 子层的上面看不到具体的局域网，即局域网对 LLC 子层是透明的。只有在 MAC 子层才能看见所连接的是采用什么标准的局域网。

LLC 层协议定义了对等 LLC 层实体之间进行数据通信的服务规范，提供了两种服务：不确认无连接服务和面向连接的服务，并且还定义了网络层与 LLC 层接口和 LLC 层与 MAC 层接口。

LLC 子层帧结构主要包含 DSAP、SSAP、Control、Information 字段，其中 DSAP（Destination Service Access Point 目的访问服务点，8 位比特）字节和 SSAP（Source Service Access Point 源访问服务点，8 位比特）字节，用以标示上层协议。有了 SAP，节点就能在 LLC 层只用一个接口同时服务于几个高层协议。Control 为 8 或 16 位比特的控制字段，Information 为传输的真正内容。

图 1-15 给出数据在网络传输时的封装过程，发送方应用层数据向下层层封装，并可能形成分组报文，各个分包加上该层的报文头和报文尾。在接收端的处理是相反的过程，应用程序就会得到对方正确的数据。可以看出，LLC 头不是被再次封装在里面，而是根据局域网的具体形式（CSMA/CD、令牌总线等）被翻译为 MAC 头，最后以二进制码发送。

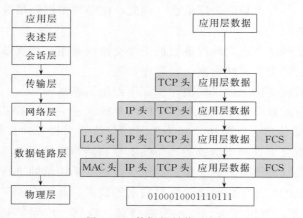

图 1-15　数据的封装过程

1.3.3　各种控制网络与 OSI 对照

对于工业控制网络而言，单个节点的监控信息量不大，而实时性要求较高，所以很少有完全采用 OSI 七层协议的应用，都是在 OSI 的模型基础上进行了简化。而且由于控制网络的结构相对简单，不是真正意义上的不规则网络，多采用总线结构或在总线结构基础稍做变形，所以 OSI 中的 3～6 层一般在控制网络中都被省去。图 1-16 是各种最为常见的控制网络与 OSI 的对应关系，其中 Modbus 只是应用层的协定，CAN 只提供物理层和数据链路层的功能。

ISO/OSI 模型	Modbus	PROFIBUS-DP	CAN	CIP
		用户接口		
应用层	应用层			应用层
表述层				
会话层				
传输层				
网络层				
数据链路层		数据链路层	数据链路层	数据链路层
物理层		物理层	物理层	物理层

图 1-16　各种现场总线与 OSI 的对应关系

1.4　现场总线与信息化集成技术

1.4.1　现场总线

尽管近年工业控制网络的发展，出现如无线数传、借助移动公网很多种形式，但现场总线依然在控制网络中发挥主要角色。

国际电工委员会制定的国际标准 IEC61158 对现场总线（Fieldbus）的定义是：安装在制造或过程区域的现场装置与控制室内的自动控制装置之间的数字式、串行、多点通信的数据总线称为现场总线。

第 2 版（Ed2.0）IEC61158-2 用于工业控制系统中的现场总线标准（第 2 部分）物理层规范（Physical Layer Specification）与服务定义（Server Definition）又进一步指出：现场总线是一种用于底层工业控制和测量设备，如变送器（transducers）、执行器（actuators）和本地控制器（local controllers）之间的数字式、串行、多点通信的数据总线。

在现场总线控制系统中，总线设备主要分为 6 类：变送器/传感器；网桥/网关/中继器/集线器/；交换机/路由器；执行器；控制器；监控/监视计算机；其他现场总线设备。

由于国家、公司等利益的原因，现场总线领域竞争激烈，某个品牌很难统一整个世界市场。IEC61158 是制定时间最长、投票次数最多、意见分歧最大的国际标准之一。

但现场总线结构与功能高度分散，现场设备的互操作性与互换性好，协议相对公开，为企业信息系统的构建创造了重要条件，其信息集成的方式主要有：①在硬件上，采用专用网关完成不同通信协议的转换，把控制网段连接到基于以太网的管理网络；②在软件上，采用OPC 等通用技术，将控制网络信息传送到管理网络，形成管控一体化网络。各种生产企业的 MES、SIS、数字化企业等都是这种思路的集成系统。

本书将主要介绍 Modbus、PROFIBUS-DP 和 AB 公司的 CIP 控制网络及现场总线，将在后面详细阐述，这里对另外几种也较具影响力的现场总线简单介绍。

（1）基金会现场总线 FF（Foundation FieldBus）

基金会现场总线 FF 前身是以美国 Fisher-Rousemount 公司为首，联合 Foxbora、横河、ABB、西门子等 80 家公司制订的 ISP 协议，以及 Honeywell 公司为首，联合欧洲等地的150 家公司制订的 WorldFIP 协议。屈于用户的压力，这两大集团于 1994 年 9 月合并，成立了现场总线基金会，致力于开发出国际上统一的现场总线协议。

FF 以 ISO 开放系统互联模型为基础，取物理层、数据链路层、应用层为 FF 通信模型的相应层次，并在应用层上增加了用户层。用户层主要针对自动化测控应用的需要，定义了信息存取的统一规则，采用设备描述语言规定了通用的功能块集。

FF 总线包括 FF 通信协议、ISO 模型中的 2～7 层通信协议的通栈、用于描述设备特性及操作接口的 DDL 设备描述语言、设备描述字典，用于实现测量、控制、工程量转换的应用功能块，实现系统组态管理功能的系统软件技术以及构筑集成自动化系统、网络系统的系统集成技术。

FF 分为低速 H1 和高速 H2 两种通信速率：H1 通信速率为 31.25kbps，通信距离可达 1900m，支持总线供电；H2 通信速率为 1Mbps 和 2.5Mbps，通信距离为 750m 和 500m。物理传输介质可支持双绞线、光缆和无线，采用曼彻斯特编码。

WorldFIP 现场总线定义了物理层、数据链路层和应用层三层通信协议，结构相对简单。在数据链路层，WorldFIP 协议提供了变量及消息两种传输机制。

"变量"是指周期性地在网络上传输的数据包，每一个变量有一个唯一的 16 位数据标识，这种周期性报文根据预先设定的时间周期性地在网络上传输。在实际应用中通常被用于传输实时状态及控制信息，如控制现场 I/O 实时状态、各种现场遥测值等。

"消息"主要用于传输一些诸如配置信息、诊断信息及事件信息等非周期性数据，消息只有在应用程序提出传输申请后一次性地在网络上传输。

WorldFIP 中对传输介质的访问控制类似于"令牌网"。"令牌"是对介质的访问权，"令牌"按照预先确定的时间在多个通信子站之间传递。"令牌"的传递过程由通信控制器自动完成，不需要应用程序的干预。

生产者/消费者模式：变量的生产者可以按照固定的时间间隔将变量在网络上广播，变量的消费者同时接收变量内容。在固定的时间窗内当所有通信子站生产的变量数据被发送后，"令牌"被传递给提出发送消息请求的通信子站，此时得到"令牌"的通信子站将消息在网络上广播。

因此，WorldFIP 非常适合于对于传输时间具有严格要求的场合，同时也使得某些突发数据能够尽快在网络上传输。

（2）CC-Link

CC-Link（Control ＆Communication Link）是三菱电机于 1996 年推出的开放式现场总线，其数据容量大，通信速度多级可选，而且它是一个复合的、开放的、适应性强的网络系统，能够适用于较高的管理层网络到较低的传感器层网络的不同范围。CC-Link 是一个以设备层为主的网络，一般情况下，CC-Link 整个一层网络可由 1 个主站和 64 个从站组成。CC-Link 具有高速的数据传输速度，最高可达 10Mbps，其底层通信协议遵循 RS-485。CC-Link 的数据通信方式可分为 2 种方式：循环通信和瞬时传送。

CC-Link 系统是通过专用的通信模块和电缆将分散的 I/O 模块及特殊功能模块等设备连接起来，并通过 PLC 的 CPU 来控制和协调这些模块的工作。

网络中的主站由三菱 FX 系列以上的 PLC 或计算机担当，从站可以是远程 I/O 模块、特殊功能模块、带有 CPU 的 PLC 本地站、人机界面、变频器及各种测量仪表、阀门等现场设备，整个系统通过屏蔽双绞线连接。CC-Link 具有性能卓越、应用广泛、使用简单、节省成本等突出优点。

① 组态简单　CC-Link 不需要另外购买组态软件即可对每一个站进行编程。只需使用

通用的 PLC 编程软件在主站程序中进行简单的参数设置，或者在具有组态功能的编程软件中设置相应的参数，便可以完成系统组态和数据刷新的设定工作。

② 接线简单　系统接线时，仅需使用 3 芯双绞线与设备的两根通信线 DA、DB 及接地线 DG 连接，并接好屏蔽线 SLD 和终端电阻，即可完成一般系统的接线。

③ 设置简单　系统需要对每一个站的站号、传输速率及相关信息进行设置，而 CC-Link 的每种兼容设备都有一块 CC-Link 接口卡，通过接口模块上相应的开关就可进行相关内容的设置，操作方便直观。

④ 维护简单、运行可靠　由于 CC-Link 的上述优点和丰富的 RAS（Reliability, Availability, Serviceability）功能，使得 CC-Link 系统的维护更加方便，运行可靠性更高。其监视和自检测功能也使 CC-Link 的维护和故障后的恢复变得方便和简便。

系统具有备用主站功能、故障子站自动下线功能、站号重叠检查功能、在线更换功能、通信自动恢复功能、网络监视功能、网络诊断功能等，提供了一个可以信赖的网络系统，帮助用户在最短时间内恢复网络系统工作。

一个 CC-Link 系统必须有一个主站且只能有一个主站，主站负责控制整个网络的运行。但为防止主站出现故障而导致整个系统瘫痪，CC-Link 可以设置备用主站，即当主站出现故障时，系统可自动切换到备用主站上。

CC-Link 提供循环传输和瞬时传输两种通信方式，一般情况下，CC-Link 主要采用循环传输的方式进行通信，即主站按照从站站号依次轮询从站，从站再给予响应。因而无论是主站访问从站还是从站响应主站，都是按照站号进行的，从而可避免由通信冲突造成的系统瘫痪；还可依靠可预见的、不变的 I/O 响应为系统设计者提供稳定的实时控制。对于整个网络而言，循环传输每次链接扫描的最大容量是 2048 位和 512 字，在循环传输数据量不够的情况下，CC-Link 还能提供瞬时传输功能，将 960 字节的数据用专用指令传送给智能设备站或本地站，而且瞬时传输不影响循环传输的进行。

三菱常用的网络模块有 CC-Link 通信模块 FX$_{2N}$-16CCL-M、FX$_{2N}$-32CCL，CC-Link/LT 通信模块 FX$_{2N}$-64CL-M，CC-Link 远程 I/O 链接模块 FX$_{2N}$-16Link-M 和 AS-i 网络模块 FX$_{2N}$-32ASI-M 等。

（3）CANopen

CANopen 是一种架构在控制局域网路（Controller Area Network，CAN）上的高层通信协议，包括通信子协议及设备子协议，常在嵌入式系统中使用，也是工业控制常用到的一种现场总线。

CANopen 实现了 OSI 模型中的网络层以上（包括网络层）的协定。CANopen 标准包括寻址方案、数个小的通信子协定及由设备子协定所定义的应用层。CANopen 支援网络管理、设备监控及节点间的通信，其中包括一个简易的传输层，可处理资料的分段传送及其组合。一般而言数据链接层及物理层会用 CAN 来实作。除了 CANopen 外，也有其他的通信协定（如 EtherCAT）作 CANopen 的设备子协定。

（4）Lonwork

Lonwork 是局部操作网络 Local Operating Network 的缩写，由美国 Echelon 公司于 1992 年推出，并由 Motorola、Toshiba 公司共同倡导，最初主要用于楼宇自动化，但很快发展到工业现场控制网。

Lonwork 采用 ISO/OSI 模型的全部 7 层通信协议，并采用面向对象的设计方法，通过网络变量把网络通信设计简化为参数设置，最高通信速率为 1.25Mbit/s，传输距离不超过 130m；最远通信距离为 2700m，传输速率为 78kbit/s，节点总数可达 32000 个。

网络的传输介质可以是双绞线、同轴电缆、光纤、射频、红外线、电力线等多种通信介质，特别是电力线的使用，可将通信数据调制成载波信号或扩频信号，然后通过耦合器耦合到交流 220V 或其他交直流电力线上，甚至耦合到没有电力的双绞线上。电力线收发器提供了一种简单有效的方法将神经元节点加入到电力线中，这样就可以利用已有的电力线进行数据通信，大大减少通信中遇到的布线复杂等问题。这也是 Lonwork 技术在楼宇自动化中得到广泛应用的重要原因。

1.4.2 制造企业信息集成技术

实施制造企业信息化的关键是建立企业的信息化系统。信息化系统的内容包括管理信息系统和控制信息系统两大部分，具体在四个方面：①以 CNC、PLC（DCS）、机器人等为核心的机电液一体化数字化制造装备及工艺过程控制；②以车间作业调度、物流管理等为基础的数字化车间生产过程管理，如 MES 系统；③产品数字化开发、设计及工艺制造，包括 CAD/CAPP/CAM 等；④企业级资源管理、对外商务及营销数字化管理，包括企业资源计划（ERP）、产品数据管理（PDM）、电子商务、供应链等管理等。

生产现场数据的获得和集成是生产组织、决策的重要依据，是企业信息化工作中必不可少的重要组成。上级信息管理系统只有采用来自工艺系统当前运行的实时数据，而不是沿用历史数据，其调整优化结果才能达到最优。

现代化制造装备正向着复杂化、大型化、高速化、自动化、智能化方向发展，实现对其运行状态远程监控及（设备及工艺）运行诊断，能够有效组织生产，提高设备的利用率，提高产品质量，降低生产成本，最终提高企业的核心竞争力，使企业在激烈的市场竞争环境中取得更大的优势。

制造执行系统 MES（Manufacturing Execution System）、SIS、数字化企业等做法，在很大程度上填补了管理系统与底层控制层之间的鸿沟。MES 最初是 20 世纪 90 年代美国管理界提出的，MES 国际联合会对 MES 的定义如下：MES 能通过信息传递对从订单下达到产品完成的整个生产过程进行优化管理。当工厂发生实时事件时，MES 能对此及时做出反应、报告，并用当前的准确数据对它们进行指导和处理，这种对状态变化的迅速响应使 MES 能够减少企业内部没有附加值的活动，有效地指导工厂的生产运作过程。

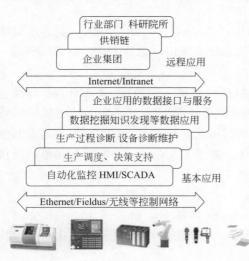

图 1-17 制造系统控制网络及其集成

但从实施来看，由于企业生产的差异，不同行业、不同企业的 MES 有很大的差别，企业性质及建模目标的不同，企业模型可以分为多种不同层次水平和视角的模型形式，造成 MES 规范性差；金字塔递阶控制结构层次较多，对数据的共享与各功能软件的维护的困难大。

所以，目前的实时数据集成系统多摒弃以往的多层次结构而采用"扁平结构"，如图 1-17 所示，提出信息化环境下控制系统对管理系统的统一数据服务的概念，以简化开放的形式将信息化"一网到底"。扁平结构信息流形式清晰，减少纵向数据传输的层次，简化管理的复杂程度，在结构上具备良好的可靠性、开放性，同时增加横向系统间的联系，使其适应现代化制造的发展。

现场总线/工业以太网技术随着 PLC 的广泛应用已经作为现场数据采集网络的首选，控制器、采集装置接入到现场总线控制网络中产生新的结构形式，如图 1-18 概况了当前的基于网络的先进控制系统的结构。特别指出，随着基于数字通信的 CNC 系统及基于 iPC 的开放式 CNC 的发展，CNC 系统在基于现场总线的控制网络中结构有所改变，控制器从整个控制核心变成现场总线网络上的节点，与其他部分的通信完全依靠总线网络，作为一类主站其节点的地位与其他设备可能完全相同，在逻辑功能上还处于核心的地位。

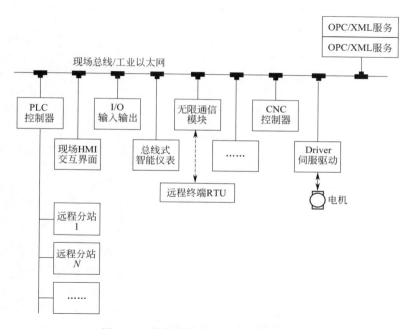

图 1-18　控制系统基于控制网络的集成

思 考 题

1. 分布式控制网络由哪些设备组成？各起什么作用？

2. 数字信号的编码方式有哪些？各有什么特点？

3. 曼彻斯特波形的跳变作用是什么？有一比特流 10101101011，画出它的曼彻斯码及曼彻斯特差分码波形。

4. 差错控制的作用是什么？校验的方法有哪些？CRC 校验是如何实现的？

5. 生成多项式为 $G(x)=X^4+X+1$，信息码为 10110，求 Remainder（CRC 码）？

6. 生成多项式为 $G(x)=X^4+X^3+1$，信息码为 1101011011，求 Remainder？

7. 采用海明码传输字符"A"（1000001）时，如果为 00100001001，找出哪个位出现错误？

8. MAC 控制方法有哪几种？各自的特点有哪些？

9. 比较 ISO 协议与 TCP/IP 协议的异同？

10. 常用现场总线有哪些？它们各有什么特点？

11. 控制网络的发展趋势是什么？

第 2 章
Modbus 网络及应用

Modbus 是由 Modicon 公司（现属施耐德电气）在 1979 年发明的，是用于工业现场的总线协议。据不完全统计，截止到 2007 年，Modbus 的节点安装数量已经超过了 1000 万个。

Modbus 协议是 OSI 模型第 7 层上的应用层报文传输协议，它与底层的基础通信层无关，故可以在 RS-232、RS-422、RS-485 和以太网设备上应用，许多工业设备，包括 PLC、DCS、智能仪表等都在使用 Modbus 协议作为它们之间的通信标准。图 2-1 体现了 Modbus 广泛的使用范围。

Modbus 是一个主/从通信协议，提供功能码规定的服务。

互联网组织使用 TCP/IP 栈上的保留系统端口 502 访问 Modbus。

Modbus Plus 是一种高速令牌传递网络。

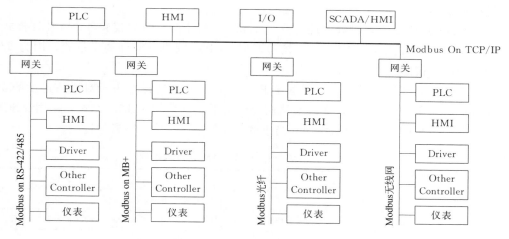

图 2-1　Modbus 网络结构图

2.1　Modbus 工作过程

Modbus 通信使用主从技术，即主站启动数据传输，称查询。而其他设备（从站）应返回对查询作出的响应，或处理查询所要求的动作。典型的主站设备应包括主处理器和编程器，典型的从站包括 PLC、远程 I/O。

Modbus 通信工作过程如图 2-2 所示，主站可对各从站寻址，发出广播信息，从站返回信息作为对查询的响应。从站对于主站的广播查询，无响应返回。Modbus 协议根据设备地址，请求功能代码，发送数据，错误校验码，建立了主站查询格式，从站的响应信息也用 Modbus 协议组织，它包括确认动作的代码，返回数据和错误校验码。若在接收信息时出现一个错误或从站不能执行要求的动作时，从站会组织一个错误信息，并向主站发送作为响应。

图 2-2　Modbus 通信工作过程

查询中的功能代码为被寻址的从站设备应执行的动作类型。数据字节中包含从站须执行功能的各附加信息，如功能代码 03 将查询从站，并读保持寄存器，并用寄存器的内容作响应。该数据区必须含有告之从站读取寄存器的起始地址及数量，错误校验区的一些信息，为从站提供一种校验方法，以保证信息内容的完整性。

从站正常响应时，响应功能码是查询功能码的应答，数据字节包含从站采集的数据，如寄存器值或状态。如出现错误，则修改功能码，指明为错误响应。并在数据字节中含有一个代码，来说明错误，错误检查区允许主站确认有效的信息内容。

另外，Modbus 采用主从方式定时收发数据，在实际使用中如果某 Slave 站点断开后（如故障或关机），Master 端可以诊断出来，而当故障修复后，网络又可自动接通。

Modbus 协议包括 ASCII、RTU（Remote Terminal Unit）、TCP 等传送方式，并没有规定物理层。此协议定义了控制器能够认识和使用的消息结构，而不管它们是经过何种网络进行通信的。

Modbus 协议需要对数据进行校验，串行协议中除有奇偶校验外，ASCII 模式采用 LRC 校验，RTU 模式采用 16 位 CRC 校验，但 TCP 模式没有额外规定校验，因为 TCP 协议是一个面向连接的可靠协议。

RTU、ASCII 两种方式一般基于 RS-485，二者的选择取决于对通信速度的要求。要求速度快的要用 RTU 方式，而对通信速度要求不高的可用 ASCII 方式。在用 ASCII 方式时，每组通信字符串要有开始的标记和结束的标记。表 2-1 给出二者的比较。

表 2-1　RTU、ASCII 方式比较

项目	RTU 方式	ASCII 方式
字节长度	8bits（二进制）	7bits（ASCII0-9，A-F）
奇偶检验	1bit（奇数或偶数时）0bit（无奇偶检验时）	1bit（奇数或偶数时）0bit（无奇偶检验时），与 RTU 方式相同
字节终止	1bit 或 2bits	1bit 或 2bits
开始标记	无	:（冒号）
结束标记	无	CR,LF（复归，改行）
数据间隔	24bit 传送时间以内	1s 以内
检验方式	CRC-16Cyclic Redundancy Check 循环冗余检验	LRC Longitudinal Redundancy Check 纵向冗余检验

LRC 校验比较简单，它在 ASCII 协议中使用，检测了消息域中除开始的冒号及结束的回车换行号外的内容。它是把每一个需要传输的数据按字节叠加后取反加 1。

例如，要求 6 号从站向主站传送其从保持型模拟量存储器地址 &h006B 后的 3 个数据。

在 RTU 方式下该指令字符串的字节如下：

十六进制　　06　03　00　6B　00　03　75(CRC)　A0(CRC)

在 ASCII 方式下该指令字符串的字节如下，由于是 ASCII 方式，可参照 ASCII 字码表。例如冒号、0 和 B 的字码分别是十六进制的 3A、30 和 42，如图 2-3 所示。

16 进制	3A	30	36	30	33	30	30	36	42	30	30	30	33	38	39	OD	OA
ASCII	:	0	6	0	3	0	0	6	B	0	0	0	3	8 (LRC)	9 (LRC)	CR	LF

图 2-3　ASCII 方式的格式

传送同样的指令，RTU 方式只用了 8 个字节，而 ASCⅡ方式却用了 17 个字节。一般 ASCⅡ方式总是需要用 RTU 方式两倍的字节量来传送同样的数据。

双向数据总是以从站地址编号开头的。在同一网络中，每个从站只对发给自己，即以自己的编号为开头的指令，而对发给其他从站的指令视而不见。当主站发的通信请求指令字符串以 00 为开头时，这个主站指令不是通信请求指令而是通知型指令。这个通知指令将会被所有的从站接收。从站地址一般通过 DIN 拨码开关或配置软件来设定。

2.2　Modbus 报文格式

Modbus 典型的指令格式如下：

地址域	功能码	数据起始地址	数据	冗余检验
1Byte	1Byte	2Byte		2Byte

(MSB)　　　　　　　　　　　　　　　　　　　　　　　　(LSB)

（1）Modbus 功能码

一个通信指令的具体内容取决于该指令的功能码。Modbus 标准功能码如表 2-2 所示。

表 2-2　Modbus 功能码的含义

功能码（16 进制）	定义	功能码（16 进制）	定义
1	读取内部数字量保持线圈状态	6	设置单一内部模拟量保持存储器内容
2	读取外部输入数字量线圈、继电器状态	7	读取内部特定线圈状态
3	读取内部模拟量保持存储器内容	8	通信系统自诊测试
4	读取外部输入模拟量存储器内容	0F	设置一组内部数字量保持线圈状态
5	设置单一内部数字量保持线圈状态	10	设置一组内部模拟量保持存储器内容

以上的功能码使用的是十六进制，有些关于 Modbus 的书中使用十进制，则 0F 为 15，10 为 16。不管使用十进制还是十六进制，实际上在通信监视软件上能看到的只是十六进制的字码。在阅读不同厂家的说明书时应注意功能码的表达方式。

（2）Modbus 寄存器地址规定

从上述功能码表中可看出，多数功能码是从从站寄存器中读取数据或是往其中写入数据用的。为了理解各种功能码及其所代表的通信字符串的含义，先熟悉一下寄存器地址规定。大多数的 PLC 都采用同样的名称。

这里的"内部数字量保持线圈""外部输入数字量线圈、继电器""内部模拟量保持存储器""外部输入模拟量存储器"等都是通信的寄存器地址类型。这4种类型是最普通最常用的，下面详细解释这4种类型。

普通的PLC都可以安装信号输入/输出模块。输入/输出信号主要分为开关量信号和模拟量信号两大类。开关量信号是指从现场传送过来的阀门开或关的状态以及电机运行或停止的状态等信号，其示值只有"0"或"1"。模拟量信号是指从现场过来的温度、压力、流量等信号，其示值是一个整数或实数，如54.6℃、7.2kPa、45.3m³/h等。从现场来的开关量信号储存在"外部输入数字量线圈、继电器"中。这些信号在经过"与门""或门""与非""或非"等逻辑运算后，其结果保存在"内部数字量保持线圈"的内部器件中。从现场来的温度、压力、流量等信号保存在"外部输入模拟量存储器"中。这些信号在经过计算后其结果保存在"内部模拟量保持存储器"中。大多数采用Modbus的厂家都规定用0、1、3、4起头来区分以上各内部器件的地址。如表2-3所示。

表2-3　Modbus地址

地址	内部器件	地址	内部器件
0××××	内部数字量保持线圈	3××××	外部输入模拟量存储器
1××××	外部输入数字量线圈、继电器	4××××	内部模拟量保持存储器

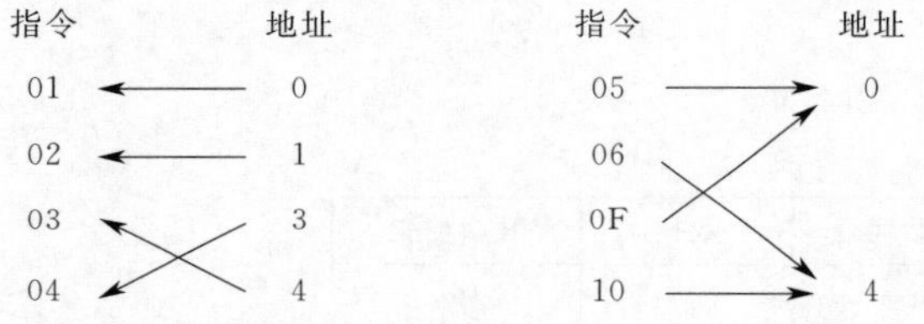

图2-4　Modbus指令地址的访问关系

图2-4是对常用Modbus读写操作的总结。不同厂家的PLC对每个通信请求所能要求的数据量有不同的限制，32，64，128，256字不等。因此主站应使其发出的通信请求指令中的数据量小于PLC的限制，否则出错。其中，模拟量寄存器的单位为字，1字（Word）＝2字节（Byte）＝16个位（bit）。

Modbus中负数采用补码发送，例如−7，因为是负数，则符号位为"1"，其余7位为−7的绝对值＋7的原码0000111按位取反为1111000；再加1，所以−7的补码是11111001。补码方式可以方便将符号位和其他位统一处理。

在Modbus中传输实数时，实数的表述是更上层的问题，并不是Modbus本身的任务。

Modbus地址与通常所说的开关量输入（DI）、模拟量输入（AI）、开关量输出（DO）、模拟量输出（AO）是有区别的，在施耐德公司的产品如昆腾PLC中，二者是一致的，但其他品牌PLC中，0XXXX、4XXXX并不对应开关量输出（DO）和模拟量输出（AO）。

在不同的PLC中Modbus地址可能是5位的，也可能是6位的。Modbus的通信协议还规定在通信字报文中的地址比实际地址小"1"，即Modbus的地址从1开始，如40001，而此地址在报文中为"内部模拟量保持存储器"的0地址，可以理解为报文中的地址为从起始为开始的偏移量。忽略此细节，在解读报文时造成地址错位。

例如S7-200 PLC作为Modbus从站，设置内部模拟量保持存储器地址从VB0开始，VW30则为第16个寄存器，Modbus地址为40016（Modbus地址是从1开始的），而在用Modscan或其他串口通信软件考察报文时，报文中此地址为0F，查询该值发送：09 03 00 0F 00 01 B5 41。

（3）报文分析实例

功能码 01

格式	地址	功能码	寄存器地址	寄存器数量	CRC 码
主站报文	09	01	0000	0014	3D4D

格式	地址	功能码	返回字节数量	寄存器数据	CRC 码
09 从站	09	01	03	000000	3D06

"返回字节数量"由寄存器数据量的多少决定。

功能码 02

格式	地址	功能码	寄存器地址	寄存器数量	CRC 码
主站报文	09	02	0000	0001	B882

格式	地址	功能码	返回字节数量	寄存器数据	CRC 码
09 从站	09	02	01	00	A3E8

还是以 S7-200 为 9 号从站，当接通 I0.0 后，再次发送同样查询请求。

格式	地址	功能码	寄存器地址	寄存器数量	CRC 码
主站报文	09	02	0000	0001	B882

格式	地址	功能码	返回字节数量	寄存器数据	CRC 码
09 从站	09	02	01	01	6228

单独接通 I0.1 后，发送（H）：09 02 00 00 00 01 B8 82，接收（H）：09 02 01 00 A3 E8，10002（I0.1）的变化并没被返回，因为主站要查询 I0.0 一个位，所以尽管返回一个字节，但 I0.1 的变化不被汇报。

当请求 4 个位时：

发送（H）：09 02 00 00 00 04 78 81 接收（H）：09 02 01 00 A3 E8（S7-200 输入全未接通时）

发送（H）：09 02 00 00 00 04 78 81 接收（H）：09 02 01 02 22 29（I0.1 通时）

发送（H）：09 02 00 00 00 04 78 81 接收（H）：09 02 01 04 A2 2B（I0.2 通时）

发送（H）：09 02 00 00 00 04 78 81 接收（H）：09 02 01 08 A2 2E（I0.3 通时）

发送（H）：09 02 00 00 00 04 78 81 接收（H）：09 02 01 00 A3 E8（I0.4 通时）；//没有反映出来 I0.4 的变化

主站发送返回 9 个位的请求时：

发送（H）：09 02 00 00 00 09 B9 44

接收（H）：09 02 02 00 00 58 79（访问 9 个位返回 2 字节）

发送（H）：09 02 00 00 00 09 B9 44（主站再次发送请求）

接收（H）：09 02 02 80 00 39 B9（I0.7 接通时，低字节在前）

发送（H）：09 02 00 00 00 14 79 4d（主站请求 20 个位，返回 3 个字节）

接收（H）：09 02 03 00 00 00 79 06

功能码 03

格式	地址	功能码	寄存器地址	寄存器数量	CRC 码
主站	01	03	0001	0001	D5CA

格式	地址	功能码	返回字节数量	寄存器数据	CRC 码
01 从站	01	03	02	012C	B809

发送：09 03 00 00 00 14 44 8d

接受：09 03 28……CRC　；省略处为 40 字节数据，注意：报文中都是 16 进制格式。

05 功能码

发送：09 05 00 00 ff 00 8d 72，接收码相同（对 Q0.0 赋值 1）

发送：09 05 00 04 ff 00 cc b3，接收码相同（对 Q0.4 赋值 1）

发送：09 05 00 04 00 00 8D 43，接收（H）：09 05 00 04 00 00 8D 43　　（对 Q0.4 赋值 0）

06 功能码

发送：09 06 00 00 12 34 85 f5，向 0001H 地址写 1234H 数据

接收：09 06 00 00 12 34 85 f5（接收与发送的相同）

10 功能码

地址	功能码	寄存器地址	寄存器数量	字节数量	寄存器数据	CRC 码
发送：01	10	0008	0001	02	0003	E719

地址	功能码	寄存器地址	寄存器数量	CRC 码	
接收：01	10	0008	0001	800B	（表示操作正常）

下例为向 3 个寄存器地址连续写 3，4，5 三个数据

发送：09 10 00 00 00 03 06 00 03 00 04 00 05 3C 0A

接收：09 10 00 00 00 03 81 40（表示操作正常）

（4）出错时从站的回信报文

Modbus 中规定了从站在无法应答主站指令时的回信报文，其格式如下

从站地址	功能码	出错码	冗余检验
Slave Address	Function Code	Error Code	CRC-16 MSB　LSB

例：从站在出错情况下的回信报文：

从站地址	功能码	出错码	冗余检验
1	81	2	C1　91

在这里的功能码 81 是在主站发来的请求指令中的功能码 01 上再加 80 而成的。若主站发来的请求指令中的功能码是 02 或 03，则相对于 02 或 03 出错回信功能码为 82 或 83。紧接功能码之后的字节是出错码，Modbus 规定的标准出错码如表 2-4 所示。

表 2-4　Modbus 规定的标准出错码

出错码	出错内容	出错码	出错内容
01	功能码出错	04	从站自身原因无法应答所请求之数据或执行所要求之指令
02	指定的地址出错	05,06	从站无暇处理主站发来的通信请求指令
03	指定的数据量出错	07	其他原因

01 功能码出错：从站不认识主站发来的通信请求指令中的功能码。有些厂家的 PLC 只使用 Modbus 规定的一部分功能码，当从站不认识主站发来的功能码时，从站就会返回 01 的出错码。例：

从站地址	功能码	出错码	冗余检验
1	81	01	81 90

02 地址出错：主站发来的通信请求指令中的地址，在所请求的内部器件中不存在或者是该地址被加密不能获取数据。例如通信请求中要求从站传送地址为 1666 后的 32 个保持线圈的状态，如果从站保持线圈的地址范围是 0～1012，那么从站就会返回 02 的出错码。例：

从站地址	功能码	出错码	冗余检验
1	81	02	C1 91

03 指定的数据量出错：主站发来的通信请求指令中指定的数据量，超出了所指定的存储该类型数据的内部器件的范围。假定从站保持线圈的地址是 0～1012，而主站的请求是要求从站传送地址为 996 后的 32 个保持线圈的状态（主站通信请求：01 01 03 E4 00 20 7D A1）。在这种情况下，996＋32＝1028＞1012，即超出了从站的范围，从站就会返回 03 的出错码。例：

从站地址	功能码	出错码	冗余检验
1	81	03	00 51

04 从站自身的原因无法应答所请求之数据或执行所要求之指令，作为从站的 PLC 本身有各种故障时，从站就会返回 04 的出错码。其他类似 PLC 自身故障的情况，从站也会返回 04 的出错码。

从站地址	功能码	出错码	冗余检验
1	81	04	41 93

其他出错：由于其他程序的运行，从站无暇处理主站发来的通信请求指令时，从站就会返回 05 或 06 的出错码。

当有上列原因以外的出错时，从站就会返回 07 的出错码。

无应答情况：

① 当主站发送的通信请求指令字符串为通知型时（凡是以 00 起头的都被认为是通知型），从站将不发出应答字符串，但执行该通知。

② 当主站发送的通信请求字符串所指向的从站地址不一致时，从站会认为该指令与己无关而不予理会。

③ 当主站发送的通信请求指令字符串与 Modbus 的规定不一样或者从站的冗余检验结果与所收到的冗余检验不一致时，从站可能不理会该指令。

有些厂家的 PLC 在收到不认识的字符串时自动发回一组规定的字符，以便于工程技术人员进行故障分析。

Modbus TCP/IP 报文

000014-Tx:03 6D 00 00 00 06 01 03 00 00 00 0A

Client request：

03 6D 两个字节是主机发出的检验信息，从站只需将这两个字节的内容复制以后再放到

response 的报文相应位置。

00 00 两个字节表示 TCP/IP 的协议是 modbus 协议。

00 06 表示该字节以后的长度。

PDU：

01 设备地址

03 功能码

00 00 寄存器起始地址

00 0A 寄存器的长度（10）

000015-Rx：server response：03 6D 00 00 00 17　PDU：01 03 14 00 00 00 01 00 00 00 00
00 00 00 00 00 00 00 00 00 00 00 00

03 6D 检验信息

00 00TCP/IP 为 modbus 协议

00 17 表示该字节后的长度

01 设备地址

03 功能码

14 该字节后的字节数（20）

//10 功能码解析

006157-Tx：34 3F 00 00 00 0B 01 10 90 3E 00 02 04 00 00 42 34

34 3F：校验信息

00 00：TCP/IP 协议

00 0B：字节数

01：设备地址

10：功能码

90 3E：寄存器地址

00 02：寄存器数

04 ：字节数

00 00 42 34：float 型数据四字节存放

006158-Rx：34 3F 00 00 00 0B 01 10 90 3E 00 02//返回报文

2.3　Modbus 测试软件

Modbus 调试之前一般需要准备 RS-232 转 RS-485 模块，并正确设置串口或 USB 口通信参数。

ModScan 软件是调试 Modbus 项目最为常用的软件，主画面可以方便选择某个从站（Device Id）、起始地址（Address HEX）、数据长度（Length）、地址类型（Modbus Point Type：0，1，3，4），并可以在此画面对 0、4 地址赋值，如图 2-5 所示。也可切换到通信报文观察界面，如图 2-5(b) 所示。

普通的串口通信调试软件也可以调试 Modbus，如图 2-6 所示，注意串口软件是按照字节显示的，0A 省略为 A，00 为 0，如发送（H）：9 2 0 0 0 1 B8 82　接收（H）：9 2 10 A3

E8 这样的表示。

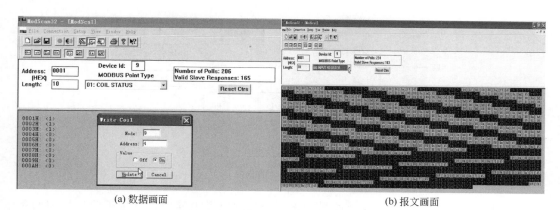

(a) 数据画面   (b) 报文画面

图 2-5 ModScan 界面

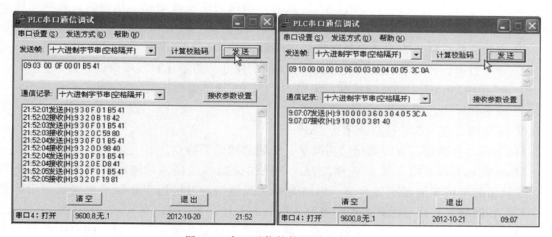

图 2-6 串口通信软件调试 Modbus

普通串口软件需要半自动方式，把计算好的 CRC 校验位两个字节加在正文后，并手动发送，观察分析。

两种软件各有方便之处，注意退出软件释放占用的串口，才能改用另一种。

2.4 Modbus Plus 网络

Modbus Plus（简称 MB＋）网（见图 2-7）是 Schneider 公司推出的一种专为工厂级应用而设计的工业局域网，主要为其 PLC 产品提供一种网络通信协议，应用层采用 Modbus 协议。

（1）网络性能及主要技术指标

① 标准 MB＋网最多可支持 32 个对等节点，通信距离为 450m。一个 MB＋网可以分成一个或多个段，段与段之间用 RR85 中继器连接。一个 MB＋网最多可以使用 3 个 RR85，使网络最大扩展到 64 个节点 1.8km 通信距离。当应用中需要访问多于 64 个节点或通信距

离大于 1.8km 时，使用 BP85 网桥将多个 MB＋网络连接在一起。

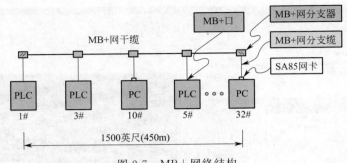

图 2-7　MB＋网络结构

②双缆结构，可靠性高、冗余性强。在两条独立电缆上通信，以每条信息检测两条电缆的完好性，一条发生故障，系统自动切换到另一条，同时故障电缆进入到故障统计状态。

③MB＋网络的分支接口采用 TAP 连接器，增强网络系统的抗干扰能力。通信电缆受到干扰，不会影响到整个网络，可将损失降低到最小。

④安装简单方便，为本地背板即插即用网络。

⑤全局数据表和对等数据表使 MB＋网通信的建立、初始化和实现简便易行。

⑥遵循 IEEE802.4 局域网标准，采用 NETB10S 网络编程接口。

⑦通信介质为低成本的双绞线或光纤。

⑧为令牌传递通信，通信速率为 1Mbps。

MB＋网具有高速、对等通信结构简单、安装费用低等特点。

MB＋网可实现数据采集和远程编程、与操作员接口连接等功能；具有故障自诊断功能，使网络的维护和恢复更加容易；网络为模块式结构，可根据实际要求配置成树形、星形、环形；网络具有良好的开放性，有利于网络的管理。

MB＋网上的节点均为对等逻辑关系，通过获得令牌来传递网络信息。网络中的每一个节点均分配有一个唯一的地址，一个节点拥有令牌就可以与所选的目标进行信息传递，或与网络上所有节点交换信息。

MB＋网的构成部件主要包括 PLC、RR85 中继器、BP85 网桥、BM85 网桥多路器等。

MB＋网寻址是通过"节点"实现的，每段 MB＋网最多有 64 个节点，每个节点都有唯一的值（1～64）来表示网络地址，节点地址不能重复，节点间通过一个 5 字节的网络路径来寻址，即通过网桥最多可将五个 MB＋网串接，从 x 节点寻找 y 节点时，依次将从 x 到 y 的路径上所经过的网桥入口地址及 y 节点的网址依次写出，未占满五节时（即所跨网少于四个），后面补 0。最后一个非零值是 PLC 在网络上的节点地址。如图 2-8 寻址对方为 04.10.03.00.00，其中 04 为第一个网桥入口地址，10 为第一个网桥入口地址，03 为节点地址。

（2）MB＋通信类型分类

①分布式 I/O。Quantum DIO 在 MB＋网络上实现：通过 MB＋端口，CPU 或 NOM 模块可以充当网络主站。Quantum DIO MB＋子站适配器通过屏蔽双绞电缆将 Quantum I/O 模块链接到主站。DIO 子站模块还通过 24V DC 或 115/230V AC 电源为 I/O 供电（最大 3A）。

②通过 Peer Cop 进行特定数据的多点交换。特定输入和输出模块充当使用多点传送协议（多站）的点到点服务。每条消息都包含用于传输数据的一个或多个接收地址。此功能使得无需

重复操作，即可将数据转发到若干个工作站。利用 Peer Cop 技术，被访问的内容最多为 32 字。

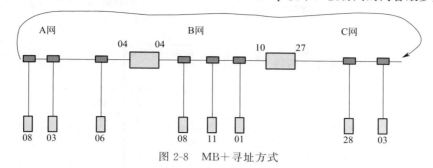

图 2-8 MB+寻址方式

③ 在参与交换的所有节点之间广播交换全局数据。当节点传递令牌时，它最多可以向网络上的其他所有节点广播 32 个字（每个字 16 位）的全局信息。这些信息包含在令牌帧中。传送令牌时发送全局数据的过程是由每个节点的应用程序独立控制的。

全局数据可以由同一网络中其他节点上的应用程序访问。每个节点都维护一个表（PLC 可以修改自己的全局数据，并通过广播自动传送出去），其中包含网络上其他每个节点发送的全局数据。虽然只有一个节点接受令牌传递，但是所有节点都会监视令牌传送并读取其内容。所有节点都会接收全局数据并将这些数据存储到全局数据表中。该表包含若干独立的存储区域，以存储每一节点的全局数据。每一节点的应用程序可以有选择地使用来自特定节点的全局数据，而其他应用程序可以忽略这些数据。每个节点的应用程序决定何时以及如何使用全局数据。

这样可以统一、快速地传送全局数据，而不必组合那些分散的消息并将其分别传送到各个设备。用户的应用程序可以确定那些数据项对远程网络上的节点有用，并在必要时转发这些数据项。

全局数据库限于本地 MB+网段，因为令牌不能通过桥接设备传递到其他网络。

④ 根据 Modbus 协议通过消息服务进行点对点交换。

2.5 Modbus 网络应用实例

2.5.1 S7-200 的 Modbus 功能

2.5.1.1 S7-200 的从站功能

S7-200 CPU 上的通信口 Port0 可以支持 Modbus RTU 协议，成为 Modbus RTU 从站。要实现 Modbus RTU 通信，需要 STEP 7-Micro/WIN32 V3.2 以上版本的编程软件，而且须安装 STEP7-Micro/WIN32 V3.2 Instruction Library（指令库）。Modbus RTU 功能是通过指令库中预先编好的程序功能块实现的，此功能具体通过 S7-200 的自由口通信协议模式实现，占用自由口资源。正确添加完库指令后，在编辑环境中出现如图 2-9 所示的

图 2-9 添加 Port0 从站功能和 Port0/1
主站功能的 Micro/WIN32 界面

ModbusSlave Port0 目录，并有 MBUS_INI、MBUS_SLAVE 功能。

从站功能介绍：

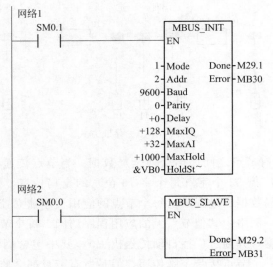

编程时使用 SM0.1 调用子程序 MBUS_INIT 进行初始化，使用 SM0.0 在每个周期中调用 MBUS_SLAVE，并指定相应参数。关于参数的详细说明，可在子程序的局部变量表的注释中找到。MBUS_INIT 功能参数含义如下：

Mode 模式选择：启动/停止 Modbus，1＝启动；0＝停止；

Addr 从站地址：Modbus 从站地址，取值 1～247；

Baud 波特率：可选 1200，2400，4800，9600，19200，38400，57600，115200；

Parity 奇偶校验：0＝无校验；1＝奇校验；2＝偶校验；

Delay 延迟时间：附加字符间延时，缺省值为 0；

MaxIQ 最大 I/Q 位：参与通信的最大 I/O 点数，S7-200 的 I/O 映像区为 128/128，缺省值为 128；

MaxAI 最大 AI 字数：参与通信的最大 AI 通道数，可为 16 或 32；

MaxHold 最大保持寄存器区：参与通信的 V 存储区字（VW）；

HoldStart 保持寄存器区起始地址：以 &VBx 指定（间接寻址方式）；

Done 初始化完成标志：成功初始化后置 1；

Error 初始化错误代码；

Modbus_Slave 功能中：

Done：Modbus 通信中时置 1，无 Modbus 通信活动时为 0；

Error 错误代码：0＝无错误；

在 CPU 的 V 数据区中分配库指令数据区（Library Memory），相当于实例的私有数据区，此段地址不能用于其他用途。

由子程序参数 HoldStart 和 MaxHold 指定的保持寄存器区，是在 S7-200 CPU 的 V 数据存储区中分配，此数据区也不能与其他用途有任何重叠，否则在运行时会产生错误，不能正常通信。注意 Modbus 中的保持寄存器区按"字"寻址，即 MaxHold 规定的是 VW 而不是 VB 的个数。

表 1. Modbus 地址对应表

Modbus 地址	S7-200 数据区
00001～00128	Q0.0～Q15.7
10001～10128	I0.0～I15.7
30001～30032	AIW0～AIW62
40001～4xxxx	T～T+2*(xxxx-1)

其中 T 为 S7-200 中的缓冲区起始地址，即 HoldStart。如果已知 S7-200 中的 V 存储区地址，推算 Modbus 地址的公式如下：Modbus 地址＝40000＋$(T/2+1)$，T 为偶数。

2.5.1.2 S7-200 的主站功能

西门子在 Micro/WIN V4.0SP5 中正式推出 Modbus RTU 主站协议库（西门子标准库指令）。安装 Toolbox_V32-STEP7-Micro-WIN32-Instruction-Library（西门子网站下载）后指令树中出现 Modbus 主站库功能，如图 2-9 所示。

Modbus RTU 主站指令库功能是通过在用户程序中调用预先编好的程序功能块实现的，该库对 Port0 和 Port1 有效。

与从站功能一样，该指令库将设置通信口工作在自由口模式下，是利用自由口协议编程，占用的资源不能被其他目的使用。Modbus RTU 主站指令库使用了一些用户中断功能，编其他程序时不能在用户程序中禁止中断。

Modbus RTU 主站库对 CPU 的版本有要求：CPU 的版本必须为 2.00 或者 2.01（即订货号为 6ES721*-***23-0BA*），1.22 版本之前（包括 1.22 版本）的 S7-200 CPU 不支持。

（1）MBUS_CTRL 初始化 Modbus 主站通信功能

EN 使能：必须保证每一扫描周期都被使能（使用 SM0.0）。

Mode 模式：为 1 则使能 Modbus 协议功能；为 0 时恢复为系统 PPI 协议。

Timeout 超时：主站等待从站响应的时间，以毫秒为单位，典型的设置值为 1000，该值设置应保证从站有时间响应。

Done 完成位：初始化完成，此位会自动置 1。可以用该位启动 MBUS_MSG 读写操作。

Error 初始化错误代码，只在 Done 位为 1 时有效，0 为无错误；1 为校验选择非法；2 为波特率选择非法；3 为模式选择非法。

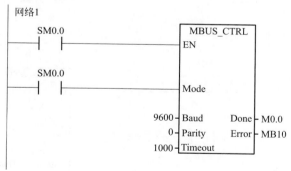

（2）MBUS_MSG 读写从站保持寄存器数据

EN 使能：同一时刻只能有一个 MBUS_MSG 读写功能。每一个 MBUS_MSG 读写功能都用上一个 MBUS_MSG 指令的 Done 完成位来激活，以保证所有读写指令循环进行。

First 读写请求位：每一个新的读写请求必须使用脉冲触发。

Slave 从站地址：可选择的范围 1～247。

RW 读写操作：0 表读，1 表写。

Addr 读写从站的数据地址：000001 至 000xxx 开关量输出；100001 至 100xxx 开关量输入；300001 至 300xx 模拟量输入；400001 至 400xxx 保持寄存器。

Count 通信的数据个数（位或字的个数），注意：Modbus 主站可读/写的最大数据量为 120 个字（是指每一个 MBUS_MSG 指令）。

DataPtr 数据指针：如果是读指令，读回的数据放到这个数据区中；如果是写指令，要写出的数据放到这个数据区中。

Done 读写功能完成位。

常见的错误及其错误代码：

0 无错误

1 响应校验错误

2 未用

3 接受超时（从站无响应）

4 请求参数错误（从站地址、Modbus 地址、访问数量、读写等）

5 Modbus/自由口未使能

6 Modbus 正在忙于其他请求

7 响应错误（响应不是请求的操作）

8 响应 CRC 校验和错误

如果多个 MBUS_MSG 指令同时使能会造成 6 号错误；从站 delay 参数设的时间过长会造成 3 号错误；从站掉电或不运行，网络故障都会造成 3 号错误。

101 从站不支持请求的功能

102 从站不支持数据地址

103 从站不支持此种数据类型

104 从站设备故障

105 从站接受了信息，但是响应被延迟

106 从站忙，拒绝了该信息

107 从站拒绝了信息

108 从站存储器奇偶错误

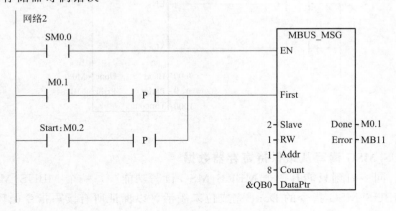

由于 Modbus 库运行时需要一定数量的 V 寄存器，必须为其明确分配，否则出现编译错误。库存储区分配画面如图 2-10 所示，该段地址一定不能被其他功能占用。向程序中添加功能块时，必须从库中双击调用，拷贝其他工程编译时也会出现编译错误。

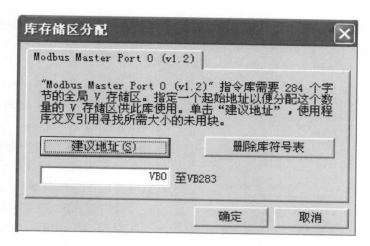

图 2-10　库存储区地址分配

2.5.2　S7-200 Modbus 无线网络实例

Modbus 协议是实际的工业标准，广泛应用于各种工业控制领域，从 PLC 控制器到各种（智能）分站、远程 I/O、总线仪表，很多设备都提供对 Modbus 的支持，各种控制设备组成各种基于 RS-485 的控制网络。在受地域分散、工作环境特殊、气象条件复杂等因素限制，难于进行直接的有线通信的地方，Modbus 还可以采用无线数传方式或 3G/GPRS 等方式构成控制网络。基于 PLC 的大范围、实时工业无线控制网络，满足工矿企业自动化系统发展的需求。

（1）项目情况：组网方案

某自来水公司自动化项目，要求完成对生产过程的监控，控制车间的分布如图 2-11 所示，尤其是对 1.5km 外分散的深井泵的无线控制，给施工和运行操作都带来极大的方便。

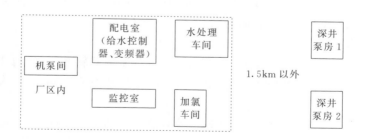

图 2-11　控制对象分布图

监控对象及功能如下。

电力仪表：监视电气柜、电机的运行参数 3 相电压、电流、有用功率等数据。

压力、流量、液位各种变送器。

远程 I/O：PLC 的远程分站，操控现场设备，如控制泵的启停、调速，状态监视等。

上述设备全部采用 Modbus 通信，只要设备间遵循 Modbus 协议，就可以简单方便地互连，所以国产的远程 I/O 模块、Modbus 仪表等 Modbus 从站设备也大量涌现，这里均采用国产的品牌。

通过 Modbus 网络采集来自传感器的信息，各变送器均通过 Modbus 上传实时数据而不是传统的 4～20mA 信号；

控制系统的结构如图 2-12 所示。

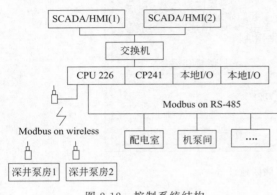

图 2-12　控制系统结构

PLC 为西门子 S7-200 CPU226，触摸屏为昆仑通态 12 寸彩屏。工控机安装 SCADA/HMI 监控软件。工控机、触摸屏与 PLC 之间采用以太网通信，采用工业 4 口以太网交换机进行数据交换。PLC 通过以太网模块 CP241 完成以太网通信。

厂区内部配电室 45kW 变频柜、水处理车间空压机配电柜、加氯间漏氯报警仪都作为从站与 PLC 通信，这些设备相对集中，彼此间距离近，采用 RS-485 有线方式，此通信段占用 PLC 的通信口 0。

深井泵房由于距水厂距离较远，并且需要实时回传流量信号，所以采用无线数传方案，无线数传产品为美国 GE MDS。此通信段占用 PLC 的通信口 1。

无线数传电台 MDS 工作在无线电的超短波段，采用数字信号处理和数字调制解调，具有前向纠错、均衡软判决等功能。它提供透明的数据传输，支持几乎所有的监控和数据采集协议和 EFM 协议，包括 MODBUS 协议。广泛应用于无人机通信控制、工业自动化、油田数据采集、铁路无线通信、煤矿安全监控系统、管网监控、水文监测系统、污水处理监控等。

电台提供标准的 RS-232 数据口可直接与 PLC 控制器连接，传输速率 19200bps，误码低于 10^{-6}（−110dBm 时），发射功率仅 0.5～25W 可调节，任何型号的电台可设置为主站或远程站使用，无中转通信距离达 80km，能适应室内或室外的恶劣工作环境。电台可工作于单工、半双工、全双工方式，收发同频或异频中转组网，并具有远程诊断、测试、监控功能，能满足监控系统数据采集和控制需求。

（2）关键技术实现

PC ACCESS 是西门子专门为 S7-200 开发的 OPC 服务器软件，兼容 OPC DA V2.05 标准。支持各种 S7-200 的通信协议。SCADA/HMI 上位机作为 Client 端来访问 S7-200 的数据。

S7-200 通过 CP243-1 以太网通信处理模块连接到工业以太网中，也可与其他 S7-200、S7-300 或 S7-400 控制器进行通信。也可以通过工业以太网和 STEP7-Micro/WIN，实现 S7-200 系统的远程编程、配置和诊断。CP243-1 以太网模块还可提供与 S7-OPC 的连接。CP243-1 既可以作为客户机（Client），也可以作为服务器（Server）。以太网模块使用存储在 S7-200 V 内存中的配置信息生成以太网通信所需的连接。

Step7-Micro/Win 中以太网向导生成 ETHx_CTRL，每次扫描调用。客户以自己应用的具体上位机软件（例如：WinCC，组态王等）来连接 S7-200 Server 端。

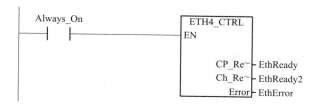

ETHx_CTRL 指令功能块中，EN 为指令使能；CP_Ready，Word 型，当以太网模块准备从其他指令接收命令时，CP_Ready 变为现用；Ch_Ready，布尔型，Ch_Ready 有一个指定给每个通道的位，显示该特定通道的连接状态。例如，当通道 0 建立连接后，位 0 打开；Error，Word 型，包含模块状态。

（3）S7-200 Modbus 主站功能的实现过程

首先根据表 2-5 中各站的读写情况规划出对从站的轮询要求，对于通过 Port0 的网络 Modbus 从站共计需要 13 个 Modbus 操作，即标识 B0OP1-B0OP13；对于通过 Port1 的网络规划出 B1OP1-B1OP12，12 个操作。

表 2-5 各个站映射地址分配及从站规划

Port0 Modbus 从站及相关操作				
分站（站号）	监控信号类型数量	主站映射地址	操作定义	地点
供水控制器	AI 1Word	VB3052	B0OP1	配电室
	AO 1Word	VB3054	B0OP2	
电力仪表	Holding 41(29H)6 Word	VB3000	B0OP3	
远程 I/O	InputDI 1Word	VB3036	B0OP4	
	Coil 1byte	VB3038	B0OP5	
电力仪表	Holding 41(29H)6 Word	VB3012	B0OP6	水处理车间
电力仪表	Holding 41(29H)6 Word	VB3024	B0OP7	
压力变送器	InputAI 2Word	VB3048	B0OP8	
远程 I/O	InputDI 1Word	VB3040	B0OP9	
	Coil 1byte	VB3042	B0OP10	
远程 I/O	InputDI 1Word	VB3044	B0OP11	机泵间
	Coil 1byte	VB3046	B0OP12	
电磁流量计	InputAI 2Word	VB3050	B0OP13	
Port1 Modbus 从站及相关操作				
分站	监控信号类型数量	主站映射地址	操作定义	地点
电力仪表	Holding 41(29H)6 Word	VW3100-3110	B1OP1	1#深水井
远程 I/O	Input DI 1Word	VW3124	B1OP2	
	Coil 1byte	VB3126	B1OP3	
电磁流量计	Input AI 2Word	VW3128	B1OP4	
压力变送器	Input AI 2Word	VW3132	B1OP5	
液位变送器	Input AI 2Word	VW3134	B1OP6	

Port1 Modbus 从站及相关操作

分站	监控信号类型数量	主站映射地址	操作定义	地点
电力仪表	Holding 41(29H)6 Word	VW3112-3122	B1OP7	
远程 I/O	Input DI 1Word	VW3136	B1OP8	
	Coil 1byte	VW3138	B1OP9	2#深水井
电磁流量计	Input AI 2Word	VW3140	B1OP10	
压力变送器	Input AI 2Word	VW3144	B1OP11	
液位变送器	Input AI 2Word	VW3146	B1OP12	

在 S7-200 Modbus 主站中，这些访问操作是不能通过配置或组态设置完成，只能通过编写用户程序实现轮询功能。

程序可以通过指针方式循环完成批量访问操作，程序简练，但程序编制复杂，维护时的可读性差。反之，罗列出每个操作过程则编程思路简单，程序可读性强，易于修改。本例采用后一种方式编写。

① 初始化：按照前述格式用开机脉冲 SM0.1 调用 MBUS_CTRL 初始化功能。

② 对从站的读写操作：

以 B0OP2 操作为例，如梯形图程序网络 5 所示，在 B0OP1 执行完成（B0MD1）并且 B0OP2 操作没有错误时（B0OPErr 为错误标志），启动 B0OP2 的 MBUS_MSG 功能，即读取 5 号站 40041 开始的 6 个 Word 放于 VB3012 起始的连续 6 个 Word 中。

网络 6 中，在 B0OP2 操作结束之后，如果没有错误则确认此操作正确完成（B0MD2）。

网络 7 中，如果操作结束时，出现错误的次数大于 0 则认为此站故障，下一次轮询时跳过此站，以免造成过大延迟影响对其他从站的操控，并立即发出声光报警等待确认（GJ）。

网络 8 将上一次操作完成标志复位。

对每次操作的处理方法相同。

由于对现场数据的实时性程度要求不同，可以分配不同的访问频率；对于长时间不访问的从站，应加通信心跳功能等处理，及时监视从站在线情况；对于介质传输条件不好的环境，可以考虑对数据包进行拆分等处理。

2.5.3　Quantum PLC Modbus 无线网络

(1) 项目概况：监控系统结构

35kV 移动式变电站是工业电网重要组成，分布地域广且用电设备复杂，并随生产情况而移动，难于敷设架设控制电缆。采用基于 Modbus 协议的无线控制网络，对其进行智能化集中监控，进行科学统一管理，对提高电网运行安全可靠性、减少电网功率损耗、优化配电管理、提高各节点的电能质量具有重要的经济和社会效益。

某露天矿 8 个新建移动变电站和 2 个原有变电站，变电站将 35kV 进线经变压器变为 6000V 送至生产现场，每个柜内均有进线回路、变压器、4～8 馈出回路。每个回路采用一个 RTU 采集终端（综合保护器），监控系统对每个回路的运行情况进行监控，共需监控 47 路配电回路。

网络5

```
B0MD1:V1800.1   B0opErr2:V1802.6                                    ┌─────────────────┐
   ─┤ ├─────────────┤/├──────────────────────────────────────────┤EN   MBUS_MSG     │
                                                                    │                 │
B0MD1:V1800.1                    B0opErr2:V1802.6                   │                 │
   ─┤ ├──────────┤P├──────────────────┤/├────────────────────────┤First            │
                                                                    │                 │
                                                          5─┤Slave      Done├─ B0MD2:V1800.2
                                                          0─┤RW        Error├─ B0ME2:VB2002
                                                      40041─┤Addr            │
                                                         +6─┤Count           │
                                                     &VB3012─┤DataPtr        │
                                                                    └─────────────────┘
```

网络6

```
B0MD1:V1800.1          B0opErr2:V1802.6  B0MD2:V1800.2
   ─┤ ├──────┤P├──────────┤/├──────────────( S )
                                              1
```

网络7

```
B0MD2:V1800.2  B0ME2:VB2002                  GJ:V1814.4  B0opErr2:V1802.6
   ─┤ ├────────┤>B├────────────┤P├────────┬───┤/├──────────(   )
                  0                        │
B0opErr2:V1802.6                           │
   ─┤ ├─────────────────────────────────────┘
```

网络8

```
B0MD2:V1800.2  B0MD1:V1800.1
   ─┤ ├────────┤ ├──────────( R )
                              1
```

移动变电站远程监控系统以计算机为核心，采用 PLC 控制器、无线通信装置、传感器和自动控制技术，对移动变电站现场状态进行实时监测和控制，现场状态信息涵盖了变电站内各个间隔层设备，包括微机继电保护及自动装置、测控、直流系统等实时信息。移动变电站远程监控系统如图 2-13（b）所示分为三层结构。

远程集中监控中心（Host PC），负责实时监控各个分布式移动变电站现场，并有管控功能，包括报警、历史记录、统计、分析、优化等。

为可靠有效组织各个变电站通信和管理功能，在每个变电站内设有区域控制单元 ACU（Area Control Unit）负责与 Host PC 的通信，并管理本站各间隔层终端采集单元 RTU，实现遥信量、遥测量、统计量处理，如各单元的启停信息、故障信息、累计运行时间、不平衡度、有功功率、无功功率、功率因数以及频率启动信息等，由 PLC 完成 ACU 功能。这种按照区域将 RTU 分层次结构组织，大大减少了通信量，提高了系统可靠性和实时性。

变电站中有多路馈出线路存在，进线、变压器、每路馈均有 RTU 采集装置，对供电对象电流、电压、相角差、频率、功率因数、谐波以及有功功率、无功功率、功率因数、有功电能、无功电能等参数进行数据处理、显示或数据传送。

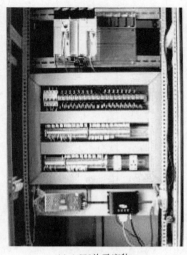
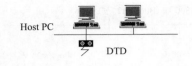
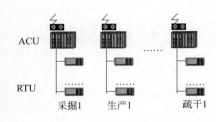

(a) ACU单元实物　　　　　(b) 无线控制网络结构

图 2-13　移动变电站无线控制网络

Host PC 与各变电站 ACU 之间 DTD（Data Transmit Device）无线数据传输设备采用美国 MDS 公司无线数传台，传输距离远达 40km。Host PC 与各变电站 ACU、站内的 ACU 与各 RTU 之间均采用 Modbus 协议。通过有线、无线相结合的方式，构成工业控制网络，形成一个完整的移动变电站综合自动化监控系统。监控系统除在各 RTU 控制单元保留紧急手动操作跳、合闸的手段外，其余的全部控制、监视、测量和报警功能均可通过计算机监控系统来完成。

（2）控制网络系统功能实现

ACU 智能节点单元采用 Quantum PLC。该系列具有模板化、可扩展的体系结构，可通过多种现场总线与上位机通信，其中包括 Modbus、MB＋、TCP/IP 协议，由上位机进行统一监控管理。

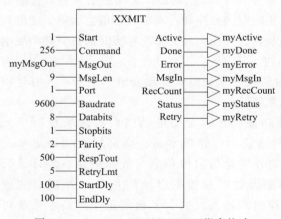

图 2-14　Quantum PLC XXMIT 指令格式

通信指令 XXMIT 将 PLC 原有的 Modbus Slave 通信口作为 Modbus Master 口或标准串口来使用，用于采集 RTU 的分散数据，扩展了 PLC 的通信功能，篇幅所限，XXMIT 详细说明参见相关文献。图 2-14 为 XXMIT 的指令格式，表 2-6 为参数的含义，其参数值直接给出，简要说明如下。

Msgout 为一个 WORD 型数组，存放相关收发信息，在 Modbus RTU 模式下具体含义如下：

Msgout[1]：Modbus 功能码，01＝读从站的内部及输出（0x）；02＝读从站的输入（1x）；03＝读从站可写寄存器（4x）；04＝读从站只读寄存器（3x）；…；16＝向从站寄存器写（4x）。

Msgout[2]：读取或写入从站的数据数量。

Msgout[3]：从站 Modbus 地址。

Msgout[4]：从站操作的起始地址。

Msgout[5]：主站操作的起始地址。

表 2-6　XXMIT 参数含义

参数名称	参数类型	参数说明
Start	BOOL	为 1 时,XXMIT 开始执行
Command	WORD	设置通信口的工作参数,Bit9＝1 时启动 Modbus 主站功能
MsgOut	ANY	需发送的数据
MsgLen	INT	数据长度
Port	BYTE	通信口选择,1＝Port1;2＝Port2
Baudrate	INT	波特率,可设定为
Databits	BYTE	数据位数;可设定为 7,8
Stopbits	BYTE	停止位可设定为 1,2
Parity	BYTE	奇偶校验位;0＝无校验;1＝奇校验;2＝偶校验
RespTout	INT	等待回应的时间,单位为 ms
RetryLmt	INT	通信失败后,重试的次数
StartDly	INT	使用 RTS/CTS 握手信号的等待时间,ms
EndDly	INT	使用 RTS 信号时的保持时间,ms
Active	BOOL	1 为正在进行 XXMIT 操作
Done	BOOL	1 为 XXMIT 操作正常结束
Error	BOOL	1 为 XXMIT 操作异常结束
MsgIn	ANY	正读入的信息
RecCount	INT	接收数据数量
Status	INT	0 为正常,其他值时为故障码
Retry	INT	XXMIT 重试尝试次数

现以 Host PLC 读从站操作为例，则 MyMsgOut[1]＝3；RTU 的有效数据按照 30 个 WORD 计算，故选取 MyMsgOut[2]＝30，Msgout[5]按照 30^*（本站所辖 RTU 个数）个 WORD 间隔从 40001 开始布置。

图 2-15 给出 PLC 访问某个 RTU 的流程图，ZBn_Com_Error 为第 n 号分站的故障标志位，myDone 为 XXMIT 正常结束标志，myRry 为重复访问次数，myStatus 为故障码。

RTU 装置选用某 WBH-822 型微机变压器综合保护装置，其适用于 66kV 以下各电压等级的两圈变压器的成套保护，包括两段高低压侧电流、电压保护、比率差动、TA 断线、差流速断、反时限、零序等保护项。表 2-7 给出其作为 Modbus 从站时遥测开关量地址，主要包括状态位、投退选择、命令位；表 2-8 给出其作为 Modbus 从站时遥信量地址。以读从站为例，则 MyMsgOut[1]＝3；RTU 的有效数据为 22 个 WORD，由于变电站内各类型 RTU 提供的数据长度不一，故选取 MyMsgOut[2]＝22，Msgout[5]按照 30 个 WORD 间隔从 40001 开始分配。

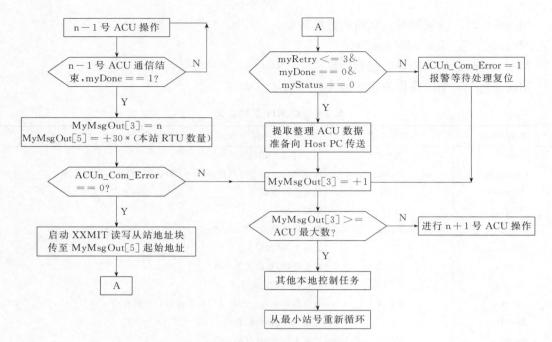

图 2-15　Host PLC 主站采用 XXMIT 访问过程

表 2-7　WBH-822 遥测开关量地址

内存地址（HEX）		含义	内存地址（HEX）		含义
0000H	D15	检修状态	0005H	D15	高压侧 I 段 T1 保护
	D14	开入 3		D14	高压侧 I 段 T2 保护
	D13	开入 4		D13	高压侧 II 段 T1 保护
	D12	开入 5		D12	高压侧 II 段 T2 保护
	D11	遥控允许		D11	高压侧负序过流保护
	D10	压力异常		D10	低压侧 I 段 T1 保护
	D9	弹簧未储能		D9	低压侧 I 段 T2 保护
	……			……	

表 2-8　WBH-822 遥信量地址

内存地址	含义	传送值	单位	内存地址	含义	传送值	单位
0007H	A 相电流	实际值×100	A	000EH	无功功率	实际值	Var
0008H	B 相电流	实际值×100	A	000FH	测量频率	实际值×100	Hz
0009H	C 相电流	实际值×100	A	0010H	AB 线电压	实际值×100	V
000AH	A 相电压	实际值×100	V	0011H	BC 线电压	实际值×100	V
000BH	B 相电压	实际值×100	V	0012H	CA 线电压	实际值×100	V
000CH	C 相电压	实际值×100	V	0013H	功率因数	实际值×100	
000DH	有功功率	实际值	W	0014H	零序电压	实际值×100	V

（3）SCADA/HMI 管控功能

远程集控中心 HMI 采用 Intouch 软件。系统自动实时采集每个变电站的状态信息，对来自现场的各类保护装置及其他现场的信息报警做出迅速合理反应，在显示画面上提示处理故障的方法，并通过声光、语音报警提示调度员。如图 2-16 所示。

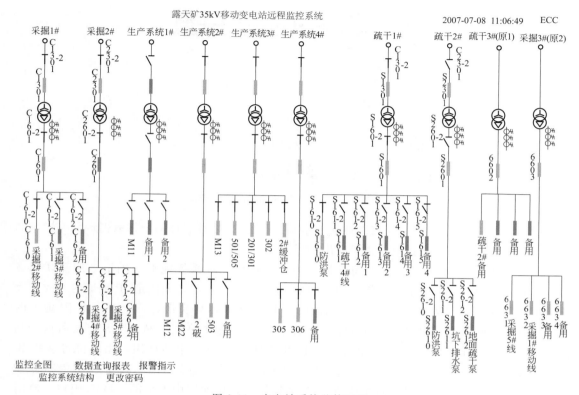

图 2-16　变电站系统监控画面

通过 Intouch 本身自带的 Alarm DB Logger Manager，可以自动将报警和操作信息存入标准的 SQL Server 数据库中，形成完整的数据历史和故障历史记录，通过 ODBC 方式可以查询任意时间段的报警记录；根据需要，生成各类报表、趋势曲线、实用图表。

当需要立即了解一个站的数据情况时，可以通过点击召唤按钮实时读取该站点的数据。通过对用户的权限管理，授权用户可实现断路器、刀闸等远程操作；可远程设置 RTU 装置工作参数，在线修改 PLC 程序。其他功能：事故追忆功能；远程诊断维护功能；WEB 发布等。

2.5.4　基于 3G/GPRS 的控制网络

2.5.4.1　3G/GPRS 网络工作原理

3G/GPRS 广泛应用于地理分布广、难于敷设有线缆的各种监控领域。3G/GPRS 通信是基于移动通信 3G/GPRS 网络的互联网通信，运营商（如中国移动、联通）的 3G/GPRS 网络是互联网的一部分。

如果从互联网接入的角度看中心站点和分站都是互联网的终端。中心站点负责通信管理和连接的部分用 DSC（数据业务中心 Data Service Center）表示，分站负责通信管理和连接的部分用 DTU（数据终端单元 Data Terminal Unit）表示。图 2-17 是一个点对多点使用 3G/GPRS 通信的网络示意图。在这个图中，主站和分站都分成了应用功能和与互联网连接的通信功能。为方便描述，用 DSC 和 DTU 与网络的关系代替中心站点和分站与网络的关系。通常所说的 3G/GPRS 模块就是分站中的 DTU 部分。

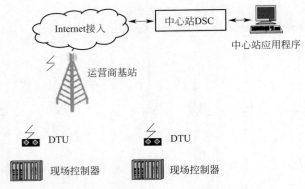

图 2-17　基于 3G/GPRS 的控制网络结构

IP 地址和 Socket 端口是互联网通信的基础。目标 IP 地址表达的是将数据送到哪里，端口号表达的是将数据送给其中的哪个应用程序。

IP V4 地址所能表示的地址数量有限，为了使这个地址系统能够容纳更多的互联网终端，实际应用中往往采用给有些终端固定的 IP 地址，给有些终端非固定 IP 地址的方式扩大 IP 地址的容量，一个固定 IP 地址的终端占用一个 IP 地址号码资源，一个非固定 IP 地址的终端只有在与网络连接后才由网络分配一个 IP 地址，当这个终端与网络断开连接后这个刚才分配的 IP 地址由网络收回，如果有其他非固定 IP 地址终端申请使用，系统再将这些 IP 地址号分配给其他非固定 IP 地址终端使用。这种非固定的、动态分配的 IP 地址称为动态 IP 地址。现实中的很多互联网终端都是动态 IP 地址终端，比如家中上网的 ADSL 用户，使用 3G/GPRS 上网的手机用户。

分站（DTU）采用什么样的 IP 接入方式、主站（DSC）采用什么样的 IP 接入方式是建立 3G/GPRS 网络所要介绍的重点。

分站（DTU）通过 SIM 卡成为移动运营商的用户，就像手机插上 SIM 卡才能通信一样，SIM 卡有两种 IP 地址方式，一种是动态 IP 的方式，一种是固定 IP 的方式，固定 IP 方式的 SIM 卡费用昂贵，大部分的 DTU 使用 3G/GPRS 上网都是使用动态 IP 的 SIM 卡。

中心站点（DSC）往往处在上网条件好并且比较固定的地理位置，中心站点（DSC）的上网方式就比较多种多样，既有动态 IP 的方式，如 ADSL、3G、无线上网等，也有固定 IP 的专线上网方式。

要通信就要知道对方的 IP，如果对方的 IP 是动态的，就要有办法知道对方的动态 IP，并能够将数据送达对方，这个过程就是 3G/GPRS 模块的通信的建立过程。根据 DCS 的 IP 是否固定，通信建立过程各不相同，主要有如下几种方式。

（1）DSC 是固定 IP 的网络形式

DSC 是固定 IP 的通信过程比较简单，对应关系明确。DTU 上线后，系统分配一个动态 IP 给这个 DTU，DTU 根据中心站点（DSC）的 IP 地址将分配的动态 IP 和自己的站点号报告给 DSC，DSC 在自己的存储区中建立一个站点号和动态 IP 的对照表，这个表格叫注册表，完成的这个过程叫注册。

如果是 DSC 要发起一次通信，DSC 首先要查找这个注册表，根据要通信的站点号找到相应 DTU 的动态 IP，根据这个动态 IP 发起一次通信。如果是 DTU 向 DSC 发起一次通信，由于 DSC 的 IP 是已知的，根据 DSC 的 IP 直接发起一次通信就可以了，数据到达 DSC 后，DSC 查找注册表就能判断是哪个 DTU 发起的通信。

DTU 下线前要向 DSC 发送注销指令，收到注销指令后将注册表中关于这个站点的记录删除。

如果系统的 DSC 的 IP 是固定的，在 DTU 端需要设置 DSC 的 IP 地址和使用端口。在 DSC 端需要设置 IP 的方式为固定 IP。

（2）解析方式

IP 地址是每个上网终端的唯一地址，但 IP 地址很不容易记忆和联想，为了记忆和传播方便使用了给 IP 地址起一个容易记忆的名字的方法，给 IP 地址起的名字就叫域名。而互联网上的地址是以 IP 地址的方式表达的，这就需要互联网上有一个将域名转换成 IP 地址的服务设备，这个设备就是域名解析服务器 DNS（Domain Name System）。

域名解析服务器中存储有大量的域名与 IP 地址对应关系的表格，当终端向某域名传送数据时，终端首先将域名传给 DNS，DNS 将这个域名对应的 IP 地址传送给终端，终端获得 IP 地址后再将目标 IP 和数据一同传送给网络，网络将数据发送到对应 IP 地址的网络终端。

使用域名传输数据还有一个非常大的好处，如果终端的 IP 地址发生了变化，系统只需改变域名解析服务器的表格内容。

使用动态域名解析方式组建图 2-17 中的网络，首先要申请一个域名并选择一个动态域名解析服务的网络服务商。

当无固定 IP 的 DSC 上网获得动态 IP 后，首先向 DNS 发送一个在这个服务器上的注册信息，将 DSC 自身的域名和动态 IP 在 DNS 注册。DTU 上网后要向网络发送域名解析申请，网络将 DSC 的动态 IP 传送给 DTU，这样就完成了动态域名解析的过程。DTU 在动态域名服务器上获得 DSC 的 IP 地址，之后的通信过程与 DSC 是固定 IP 的通信过程相同。

当 DSC 因某种原因下线后重新上线并重新获得新的 IP 地址，DSC 要重新在动态域名解析服务器上注册。DTU 也会使用一种方法（通过 TCP/IP 的连接和 UDP 的心跳超时）感受到 DSC 的下线，如果 DTU 感受到 DSC 下线，DTU 也会重新向网络发送动态域名解析申请，获得 DSC 新的动态 IP 地址。

一般来说动态域名解析服务器由互联网运营商提供，比较著名的有"花生壳"品牌等。

如果系统的 DSC 的 IP 是动态的，在 DTU 端需要设置 DSC 的动态域名和使用端口。

（3）中转方式

在这种方式中，无论是 DSC 或 DTU 上网，都向数据中转服务器发送注册信息，注册信息说明自己的站点号，动态 IP 地址。数据中转服务器在存储区中建立一个站点号和动态 IP 的对照表。

当站点间要发送数据给另一个站点时，在发送数据中标明发送的目的站点和源站点，数据中转服务器根据目的站点查表找到目的站点的动态 IP 地址，将数据发送给目的站点。

中转服务器一般由 3G/GPRS 模块的生产商提供。其目的也是为用户提供免费方便的连接服务，原理与 DNS 相类似。

2.5.4.2 中心 IP 固定的控制网络

（1）项目要求与网络规划

某企业生产生活供水管网，12 个一次深水井分散在中央控制室周围，距离 500~1500m

不等。供水系统采用计算机集中监控的控制方式，实现泵房的无人值班、节能降耗和安全经济运行。

随生产用水量的变化，对一次水的需求量大幅变化，要求形成分布式控制系统，完成对12个一次深井泵的群控和优化控制，自动调整泵组的运行台数，并通过变频器调节完成供水压力的闭环控制，在管网流量变化时达到稳定供水压力和节约电能的目的。

设备控制方式又分为就地手动/集控手动/集控自动3种方式。自动方式下，在水位小于设定范围时，根据其他12台深井泵的累计工作时间和各自的水位情况，自动找累计工作时间最短的泵启动，泵的启动间隔为5min；在水位大于设定范围时，自动找工作时间最长的泵停止，间隔为5min，直到液位恢复到设定的范围。

系统采用GPRS通信方式构建，主站采用固定IP接入Internet；12个分布式泵站的控制器（从站）选用S7-200 PLC，控制系统结构如图2-18所示。生产生活供水系统、水处理车间、消防供水、原水池液位通过DP网络接入到S7-300中。

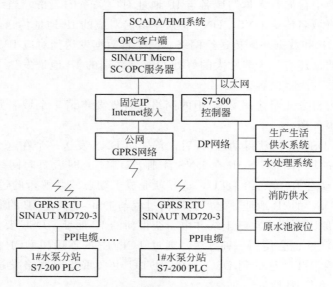

图 2-18　泵群控制系统结构

泵站的通信功能由SINAUT MD720-3 GPRS调制解调器、天线和GPRS通信管理软件SINAUT MICRO SC（集成OPC Server）等组成。

SINAUT MICRO SC软件是一种带有特殊通信功能的OPC路由软件，能够建立与远程S7-200的连接与通信。SINAUT MICRO SC OPC开启专门的进程接收数据，开启另外线程来对数据进行OPC接口封装。经过封装后的中心服务器形成OPC Server。SCADA/HMI作为OPC客户端采集OPC服务器变量。

（2）重要的实现步骤

① 服务器端设置。由于SINAUT MD720-3默认访问端口为26862，在SCADA计算机的防火墙中定义一个26862端口的例外，以防止其拦截。

在服务器端的路由器中，将26862端口数据设置为转发到SCADA计算机的IP地址。

SINAUT MICRO SC OPC服务器名M2MOPC.OPC.1，在计算机上可以访问，有的组态软件能够自动发现。

② PLC 端。对 SINAUT MD720-3 的访问还是以调用库功能的形式完成，SINAUT MD720-3 提供了如下的功能块：

WDC_INIT；

WDC_SEND；

WDC_RECEIVE；

WDC_CONTROL；

WDC_ONSENDCOMPLETE

WDC_ONCHAR

在 S7-200 中要为其开出单独的存储区，这是 S7-200 的通用的功能调用的方法。

S7-200 通过串口给 MD720 进行初始化，包括波特率、网关、终端类别的设置以及拨号工作都由初始化完成。中国移动在 GPRS 与 Internet 网中间建立了许多相当于 ISP 的网关支持节点（GGSN），以连接 GPRS 网与外部的 Internet 网。初始化工作完成之后，MD720 将获得一个动态 IP 地址，MD720 也就连入了互联网。

这样 S7-200 中根据提供的库函数，编写接收和发送程序就可以和控制中心进行远程通信了。这时中心站是 TCP 通信的服务器，而 MD720 作为 TCP 通信的客户机，客户机主动发数据给服务器，而不是服务器轮询客户机。中心站可以同时和多台 MD720 进行通信，除了接受数据外，也可以发送数据给 MD720，从而进行远程控制。

MD720 也可以实现类似 TC35 的接收和发送短信息的功能，但使用短信息功能时，GPRS 功能将会中断。

另外，通过 MD720 也可以使用 STEP7 MICRO WIN 执行远程下载程序的功能。

OPC 更新速度的问题：更新速度一般在 OPC 中都可设置，过于频繁的更新，则流量大费用高，过于缓慢的更新，则不能反映现场的实时变化。更新可根据条件触发，或结合定时更新，或实时时钟同步、心跳等手段。

采用工控机作为系统的人机界面，运行组态软件和 PLC 进行通信，对整个供水系统深井泵的工作情况进行实时监控，显示泵的运行状态和累计工作时间，可修改设定的参数，具有报警、自动记录和打印日报表、保存关键数据的历史记录、显示各种参数的历史曲线等功能。如图 2-19 所示。

（3）应用 2：移动装备的远程监控

很多移动装备制造出厂后，都有使用情况跟踪的需求，这样是很有意义的：可以监控指导生产过程，可以进行及时的故障诊断等。

此时固定 IP 地址太贵，采用 ADSL＋动态 DNS（固定域名）的方式，是一种经济实惠的方案。

在各种国产组态软件中提供 GPRS 的配置及使用，如在组态王中建立虚拟串口设备，通过 3G/GPRS 监控远程 PLC。虚拟串口使用中注意以下基本原则：

① 在一个虚拟串口上只能定义 1 个虚拟设备；

② 每个虚拟设备可以关联多个实际设备（设备的协议必须相同）；

③ 与每个虚拟设备关联的实际设备地址不能重复。

数传电台具有数据传输实时性好、专用数据传输通道、一次建设投资、没有运行使用费、组网结构灵活、适用于恶劣环境、稳定性好等优点。不足之处是由于在同一频点上，同时只能有 1 个设备发送数据，以及覆盖范围因素，决定了网络的容量有限，而点对多点需要采用轮询方式，实时性降低；数传电台方案的建设成本（发射塔、天线、基站投入与发射功率相关）较高，而城市建设对已建网络有很大影响，需要随时对网络进行调整，因此后期运行成本高。

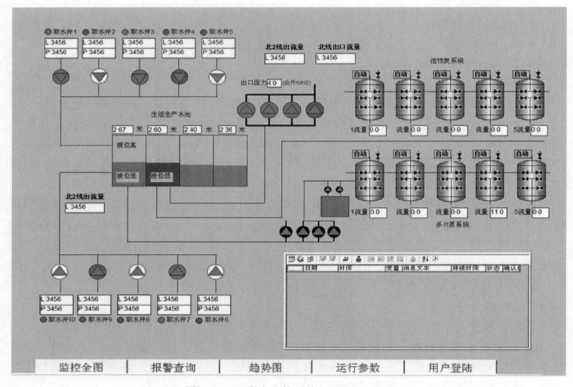

图 2-19　一次水监控系统 SCADA／HMI

3G/GPRS 以全球移动通信系统（GSM）为基础以其永久在线、通信速度快、支持 Internet 数据分组业务、通信费用低等特点，被广泛应用于各种网络无线遥控系统中。通过 3G/GPRS 方式对 PLC 进行控制，就是充分利用既有的公用无线电话网络的优势，无需建设网络，只需安装设备，建设成本低；基本没有通信距离的限制，支持短信传递，设备功率消耗小；不足之处是受制于公网覆盖及通信质量，网络安全性不高。

■ ■ ■ 思 考 题 ■ ■ ■

1. 在 Modbus 系统中有哪两种传输模式？各有什么特点。
2. 写出 Modbus 主从设备查询/响应的过程。
3. Modbus 协议中功能码的含义各是什么？
4. Modbus 协议中地址含义各是什么？
5. 总结 S7-200 PLC Modbus 通信的要点。

第 3 章
PROFIBUS-DP 总线及应用

3.1 PROFIBUS 协议

PROFIBUS 是 Process Field bus 的缩写，是面向工厂自动化和流程自动化的一种国际性的现场总线标准。它已被广泛应用于制造业自动化、过程自动化相关的各行各业。在 PLC、传感器、执行器、低压电器开关等设备之间传递数据信息，承担控制网络的各项任务。在欧洲市场中 PROFIBUS 占开放性工业现场总线系统的市场超过 40%。PROFIBUS 有国际著名自动化技术装备的生产厂商支持，这些厂商都具有各自的技术优势并能提供广泛的优质新产品和技术服务。在全世界范围内，已安装的 PROFIBUS 节点数以千万计。

PROFIBUS 提供了三种通信协议类型即 PROFIBUS-DP、PROFIBUS-PA 和 PROFI-BUS-FMS。图 3-1 给出 PROFIBUS 的通信参考模型及子集间的关系。可以看出，PROFI-BUS 通信模型参照了 ISO/OSI 参考模型的第 1 层（物理层）和第 2 层（数据链路层），其中 FMS 还采用了第 7 层（应用层），另外增加了用户层。PROFIBUS-DP 和 PROFIBUS-FMS 的第 1 层和第 2 层相同，PROFIBUS-FMS 有第 7 层，PROFIBUS-DP 无第 7 层。PROFI-BUS-PA 有第 1 层和第 2 层，但与 DP/FMS 有区别，无第 7 层。在用户层，DP 与 PA 采用相同的用户接口（DDLM），DDLM 包括 DP 基本功能和扩展功能。

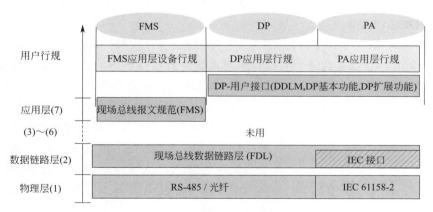

图 3-1 PROFIBUS 协议结构

PROFIBUS 在现场与车间级数字通信中的布局如图 3-2 所示，这里要特别指出的是，作为最早出现的 FMS 规约并没有被纳入到国际标准 IEC 61158 中，它仍保留在 EN50170 中。FMS 目前的市场份额非常小，已经被基于工业以太网的产品 ProfiNet 所替代而逐渐退出了竞争。只有 DP(H2)和 PA(H1)被选列入 IEC 61158。而且,在 PROFIBUS 的应用中,绝大部分是基于 PROFIBUS-DP 的,少量是基于 PROFIBUS-PA 的。我们所讲的 PROFIBUS 主要是指 PROFIBUS-DP。

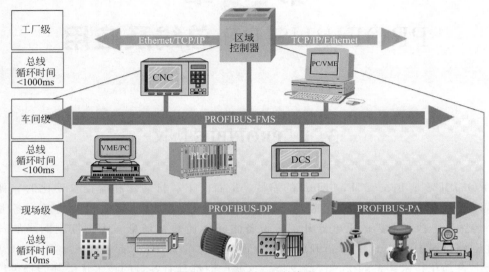

图 3-2　PROFIBUS 的布局

(1) PROFIBUS-DP

PROFIBUS-DP 使用了第 1 层、第 2 层和用户接口层。第 3 到第 7 层未使用,这种精简的结构确保了高速数据传输。直接数据链路映象程序(DDLM)提供对第 2 层的访问,在用户接口中规定了 DP 设备的应用功能以及各种类型的系统和设备的行为特性。

这种为高速传输用户数据而优化的 PROFIBUS 协议,特别适用于可编程序控制器与现场级分散的 I/O 设备之间的通信。

第二层即现场总线数据链路层(FDL)采用基于 Token-Passing 的主从分时轮训协议,完成总线访问控制和正确传输。DP 是本章的主要内容,稍后将详细讲解。

(2) PROFIBUS-PA

PROFIBUS-PA 使用扩展的 PROFIBUS-DP 协议进行数据传输,同样采用 Token-Passing 的主从分时轮训协议。此外,它执行规定现场设备特性的 PA 设备行规。传输技术依据 IEC61158-2 标准,确保本质安全,通过总线对现场设备供电和数据传送。第 2 层和第 1 层之间的接口在 DIN19245 系列标准的第 4 部分做出了规定。通信速度固定为 31.25kb/s,主要用于防爆安全要求高、通信速度低的过程控制场合,如石化企业的过程控制等。

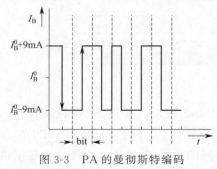

图 3-3　PA 的曼彻斯特编码

DP 采用 NRZ 编码,波特率可变;而 PA 采用同步曼彻斯特编码,波特率固定。用曼彻斯特编码传输数据时,信号沿从 0 变到 1 时发送二进制"0",信号沿从 1 变到 0 时发送二进制"1"。

数据的发送采用对总线系统的基本电流 I_B 调节 ± 9mA 的方法来实现,见图 3-3,传输介质是屏蔽/非屏蔽双绞线。总线段的两端用一个无源的 RC 线终端器来终止,见图 3-4,在一个 PA 总线段上最多可连接 32

个站。最大的总线段长度在很大程度上取决于供电装置、导线类型和所连接的站的电流消耗。

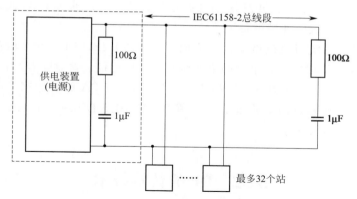

图 3-4　PA 总线段的结构

使用 PROFIBUS-PA 协议，可以实现线形、树形和星形总线结构或它们的组合型结构。在一个总线段中可以运行的总线站数取决于所用的电源、总线站的电流消耗、所用总线电缆和总线系统的大小。在一个总线段上最多可连接 32 个站。为了增加系统的可靠性，总线段可以用冗余总线段作备份。

使用段耦合器可将 PROFIBUS-PA 设备很容易地集成到 PROFIBUS-DP 网络之中，并使之实现两段间的透明通信。图 3-5 为 PA 的典型应用。

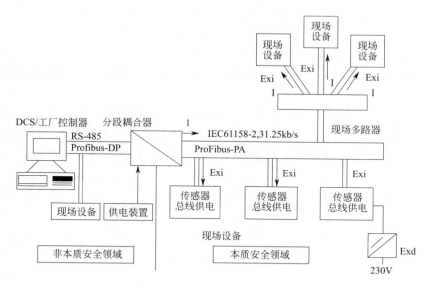

图 3-5　PA 典型结构（带 DP/PA 段耦合器的总线配置）

事实上，PA＝DP 通信协议＋扩展的非周期性服务＋作为物理层的 IEC1158，称之为H1。PA 采用 DP 的基本功能来传送测量值和状态，并用扩展的 DP 功能来制定现场设备的参数和进行设备操作。PA 行规保证了不同厂商所生产的现场设备的互换性和互操作性，它是 PA 的一个组成部分。

目前，PA 行规已对所有通用的测量变送器和其他选择的一些设备类型作了具体规定，这些设备如下：①测压力、液位、温度和流量的变送器；②数字量输入和输出。③模拟量输入和输出；④阀门；⑤定位器。

在 STEP7 中系统组态后，DP/PA 耦合器是可见的。可以通过 PLC 或自动化系统直接访问或分配地址给所连接的现场设备。

耦合器作为控制系统可见的网关，一方面作为 PROFIBUS-DP 网络段的从站，同时作为 PROFIBUS-PA 网络段的主站耦合网络上所有的数据通信。这意味着，在不影响 PROFIBUS-DP 性能的情况下，将 PROFIBUS-DP 与 PROFIBUS-PA 结合起来，由于每个链路设备可以连接多台现场设备，而链路设备只占用 PROFIBUS-DP 的一个地址，因此，整个网络所能容纳的设备数目大大增加。

3.2 DP 的传输技术

3.2.1 传输编码

DP 协议中采用屏蔽双绞电缆和光线两种介质，DP 前者应用为多，传输符合 EIA RS-485 标准（也称为 H2）。

RS-485 和光纤通常使用 UART 异步传输字符帧编码格式，而在 UART 编码中，数据的发送用 NRZ（不归零）编码，每个字符由一个 UART 结构的 11 位构成，具体如下：

$$\begin{array}{ccccccccccc} \text{Start} & \text{D0} & \text{D1} & \text{D2} & \text{D3} & \text{D4} & \text{D5} & \text{D6} & \text{D7} & \text{Parity} & \text{Stop} \\ \text{``0''} & 0 & 1 & 2 & 3 & 4 & 5 & 6 & 7 & \text{even} & \text{``1''} \\ & \text{LSB} & \leftarrow & \leftarrow & \leftarrow & \leftarrow & \leftarrow & \leftarrow & \text{MSB} & & \end{array}$$

其中，Start＝0；Parity＝偶校验位；Stop＝1。

为了保证数据的准确传输，必须知道起始位和结束位。判断起始和结束的条件是要知道 DP 的传输速率。

两根 PROFIBUS 数据线也常称之为 A 线和 B 线。A 线对应于 RxD/TxD-N 信号，而 B 线则对应 RxD/TxD-P 信号。在传输期间，如图 3-6 所示，二进制"1"对应于 RxD/TxD-P（Receive/Transmit-Data-P）线上的正电位，而在 RxD/TxD-N 线上则相反。

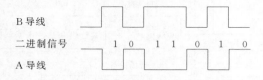

图 3-6 DP 用 NRZ 传输数据电平波形

3.2.2 总线段结构

总线段结构如图 3-7 所示。传输速率从 9.6kbps 到 12Mbps 可选，所选用的波特率适用于连接到总线（段）上的所有设备。

根据 EIA RS-485 标准，在数据线 A 和 B 的两端均加接总线终端器。PROFIBUS 的总线终端器包含一个下拉电阻（与数据基准电位 DGND 相连接）和一个上拉电阻（与供电正电压 VP 相连接）。当在总线上没有站发送数据时，也就说在两个报文之间总线处于空闲状

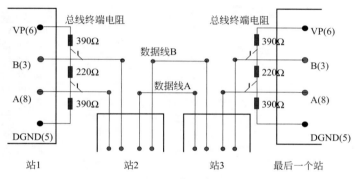

图 3-7　DP 的 RS-485 总线段的结构

态时，这两个电阻确保在总线上有一个确定的空闲电位。几乎在所有标准的 PROFIBUS 总线连接器上都组合了所需要的总线终端器，而且可以由跳接器或开关来启动。

　　当总线系统运行的传输速率大于 1500kbps 时，由于所连接的站的电容性负载会引起导线反射，因此必须使用附加有轴向电感的总线连接插头。

3.2.3　电缆与连接器

　　对于 DP 的 RS-485 传输而言，最大允许的总线长度，亦称为段长度，取决于所选用的传输速率（见表 3-1）。在一个总线段中最多可以运行 32 个站。

表 3-1　基于波特率的最大段长度

波特率/kbps	9.6～187.5	500	1500	12000
段长度/m	1000	400	200	100

　　表 3-2 中指出的最大总线段长度系指 PROFIBUS 标准中电缆类型 A 的规定。在表中列出了 A 型电缆的有关特性，B 型电缆已不再使用。

表 3-2　PROFIBUS RS-485A 型电缆的特性

浪涌阻抗	$135\sim165\Omega$，测量频率为 $3\sim20MHz$ 时
电缆电容	$<30\mu F/m$
缆芯截面积	$>0.34\mu F/mm^2$，依据 AWG22
电缆类型	双绞线，1×2 或 2×2 或 1×4 导线
回路电阻	$<110\Omega/km$
信号衰减	在电缆区段的整个长度内最大 9dB
屏蔽	铜网屏蔽或薄箔网屏蔽

　　国际性的 PROFIBUS 标准 EN50170 推荐使用 9 针 D 型连接器（图 3-8）用于总线站与总线的相互连接。D 型连接器的插座与总线站相连接，而 D 型连接器的插头与总线电缆相连接。如图 3-9 所示。

3.2.4　RS-485 中继器

　　PROFIBUS 系统是一个两端有有源终端器的线性总线结构，亦称为 RS-485 总线段。根据 RS-485 标准，在一个总线段上最多可连接 32 个 RS-485 站。与总线连接的每一个站，无

外　　形	针脚号	信号名称	设计含义
	1	SHIELD	屏蔽或功能地
	2	M24	24V 输出电压的地（辅助电源）
	3	RXD/TXD-P	接受/发送数据-正，B 线
	4	CNTR-P	方向控制信号 P
	5	DGND	数据基准电位（地）
	6	VP	供电电压-正
	7	P24	正 24V 输出电压（辅助电源）
	8	RXD/TXD-N	接受/发送数据-负，A 线
	9	CMTR-N	方向控制信号 N

图 3-8　9 针 D 型连接器针脚分配

(a) A型屏蔽双绞线电缆　　(b) 9针D型插头(编程型连接器)　　(c) 普通9针D型插头

图 3-9　Profibus-DP 电缆和连接器

论是主站还是从站，都表现为一个 RS-485 电流负载。

在一个 PROFIBUS 系统中需要连接的站多于 32 时，必须将它分成若干个总线段（Segment）。在各个总线段上最多有 32 个站，每个总线段彼此由中继器（也称线路放大器）相连接，中继器起放大传输信号的电平的作用。按照 EN50170 标准，在中继器传输信号中不提供位相的时间再生（信号再生）。由于存在位信号的失真和延迟，因此 EN50170 标准限定串接的中继器数为 3 个。这些中继器单纯起线路放大器的作用。但实际上，在中继器线路上已实现了信号再生，因此可以串接的中继器个数与所采用的中继器型号和制造厂家有关。例如，由西门子生产的型号为 6ES7 972-0AA00-0XA0 中继器，最多可串接 9 个。

两个总线站之间的最大距离与波特率有关，规定了适用于中继器 6ES7972-0AA00-0XA0 的值。如表 3-3 所示。

表 3-3　两个总线站之间的最大距离与波特率关系

波特率/kbps	9.6～187.5	500	1500	12000
所有总线段的总长度/m	10000	4000	2000	1000

图 3-10 所示的原理框图描述了 RS-485 中继器的特性：

① 总线段 1、PG/OP 插座和总线段 2 彼此是电气隔离的。

② 总线段 1、GP/OP 插座和总线段 2 之间的信号被放大和再生。

③ 对于总线段 1 和 2，中继器具有可连接的终端电阻。

④ 去掉跨接桥 M/PE 后，中继器可以浮地运行。

在 PROFIBUS 配置中，只有使用中继器才能实现最大可能的站数。此外，中继器还可以用来实现"树形"和"星形"总线结构。另外还可以是浮地的结构，在这种类型的总线结构中，总线段是彼此隔离的，且必须使用一个中继器和一个不接地的 24V 电源。

对于 RS-485 接口而言，中继器是一个附加的负载，因此在一个总线段内，每使用一个 RS-485 中继器，可运行的最大总线站数就必须减少 1。这样，如果此总线段包括一个中继

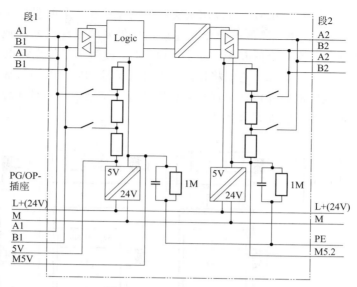

图 3-10　RS-485 中继器原理

器，则在此总线段上可运行的总线站数为 31，主从均可。由于中继器不占用逻辑的总线地址，因此在整个总线配置中的中继器数对最大总线站数无影响。如图 3-11 所示。

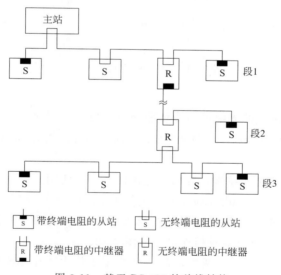

图 3-11　基于 RS-485 的总线结构

3.2.5　光纤网络

PROFIBUS 第 1 层的另一种类型是以 PNO（PROFIBUS 用户组织）的规则 "用于 PROFIBUS 的光纤传输技术" 为基础的，它通过光纤导体中光的传输来传送数据。光纤允许 PROFIBUS 系统站之间的距离最大到 15km，同时光纤对电磁干扰不敏感并能确保总线站之间的电隔离。近年来，由于光纤的连接技术已大大简化，因此这种传输技术已经普遍地用于现场设备的数据通信，特别是用于塑料光纤的简单单工连接器成为这一发展的重要部分。

用于数据传输的光纤技术已经为新型的总线结构铺平了道路（如环形结构、线形、树形或星形结构）。光链路模块（OLM）可以用来实现单光纤环和冗余的双光纤环（见图 3-12）。在单光纤环中，OLM 通过单工光纤电缆相互连接，如果光纤电缆线断了或 OLM 出现了故障，则整个环路将崩溃。在冗余的双光纤环中，OLM 通过两个双工光纤电缆相互连接，如果两根光纤线中的一个出了故障，它们将作出反应并自动地切换总线系统成线性结构。适当的连接信号指示传输线的故障并传送出这种信息以便进一步处理。一旦光纤导线中的故障排除后，总线系统即返回到正常的冗余环状态。

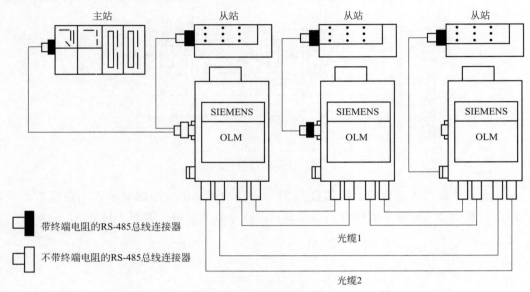

图 3-12　冗余的双光纤环网

（1）总线导线

用玻璃或塑料纤维制成的光缆可用作传输介质。根据所用导线的类型，目前玻璃光纤单模能处理的连接距离达到 15km，多模 2～3km，而塑料光纤可达到 80m。

（2）总线连接

为了把总线站连接到光纤导体，有如下连接技术可以使用。

① OLM 技术（Optical Link Module）。类似于 RS-485 的中继器，OLM（光链路模块）有两个功能隔离的电气通道，并根据不同的模型占有一个或两个光通道。OLM 通过一根 RS-485 导线与各个总线站或总线段相连接（见图 3-13）。

OLM 有 G11 模块、G12 模块两种，前一个数字 1 代表 1 个 RS-485 电气接口，后一个数字代表 1 个或 2 个光纤接口。在一条光链路上两端用 G11 模块，光链路的中间可以用 G12 模块，这样比较节约成本。

② OLP 技术（Optical Link Plug）。OLP（光链路插头）可以用在一条光链路的两段或者是用来连接成单芯光纤环。如图 3-14 所示，OLP 直接插入总线从站的 9 针 D 型连接器。OLP 由总线站供电而不需要它们自备电源。但总线站的 RS-485 接口的 +5V 电源必须保证能提供至少 80mA 的电流。

主动总线站（主站）与 OLP 环连接总需要一个光链路模块（OLM）。

③ 集成的光纤电缆连接。使用集成在设备中的光纤接口将 PROFIBUS 节点与光纤电缆直接连接。

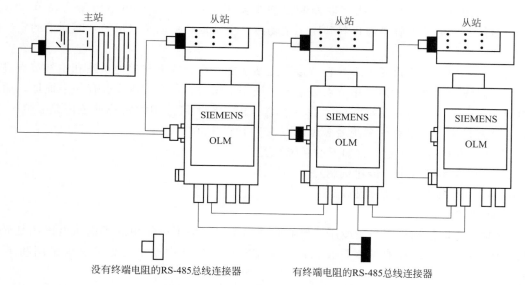

没有终端电阻的RS-485总线连接器　　　有终端电阻的RS-485总线连接器

图 3-13　使用 OLM 技术的总线型网络

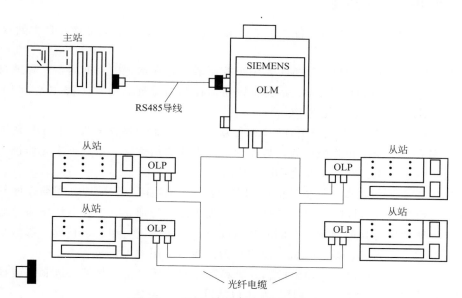

图 3-14　使用 OLP 技术的单光纤环路

3.3　DP 总线存取控制

　　DP 的总线存取控制满足了现场总线技术的两个主要应用领域的重要需求，这两个领域就是自动化制造工业和自动化过程工业。一方面，同一级的可编程序控制器或 PC 之间的通信必须使每一个总线站（节点）在确定的时间范围内能获得足够的机会来处理它自己的通信任务。另一方面，复杂的 PLC 或 PC 与简单的分散的过程 I/O、外围设备之间的数据交换必须是快速而又尽可能地实现很少的协议开销。

为此，DP 使用混合的总线存取控制机制来实现上述目标。它包括用于主动节点（主站）间通信的分散的令牌传递机制和用于主动站（主站）与被动站（从站）间通信的集中的主-从机制。

当一个主动节点获得了令牌，它就接手主站功能并在总线上与其他从站和主站节点进行通信。在总线上的报文交换是用节点编址的方法来组织的。每个 DP 节点有一个地址，而且此地址在整个总线上必须是唯一的。在一个总线内，最大可使用的站地址范围是在 0～126 之间。这就是说，一个总线系统最多可以有 127 个节点。

DP 总线存取控方式允许有如下的系统配置：

① 纯主-主系统（令牌传递机制）。

② 纯主-从系统（主-从机制）。

③ 两种结构的组合。

DP 总线存取控制机制与所使用的传输介质无关，网络不论使用的是铜质电线还是光纤效果一样。DP 的总线存取控制符合欧洲标准 EN50170V.2 中规定的令牌总线机制和主-从机制。

3.3.1 DP 中的设备类型

每个 DP 系统包括 3 种类型设备：第 1 类 DP 主站（DPM1）、第 2 类 DP 主站（DPM2）和 DP 从站。

① 1 类 DP 主站（DPM1）：DPM1 是中央控制器，它在预定的周期内，循环地与分散的站（如 DP 从站）交换信息。DPM1 完成总线通信控制与管理。通常 1 类主站为 PLC、NC 或基于 PC 控制系统中主控功能的 PC 机。

② 2 类 DP 主站（DPM2）：DPM2 是编程器、组态设备或操作面板，在 DP 系统组态操作时使用，完成系统操作和监视目的，具体为各站点的数据读取、系统组态、监视、故障诊断等。一般同一总线上只有一个 2 类 DP 主站。

PROFIBUS 1 类主站和 2 类主站的区别在于：1 类主站可以主动地、周期性地与其所组态的从站进行数据交换，同时也可以被动地与 2 类主站进行通信；2 类主站作为"监控"主站，可以非周期性地与其他主站、它们的从站或自己的从站进行组态、诊断、参数化或数据交换。通常 2 类主站为编程器、人机界面或作为监控目的用的上位机。

③ DP 从站：是进行输入和输出信息采集和发送的外围设备，是带二进制值或模拟量输入输出的 I/O 设备、驱动器、阀门等。具体包括以下多种设备。

PLC（智能型 I/O）：PLC 可做 DP 上的一个从站。PLC 自身有程序存储，PLC 的 CPU 部分执行程序并按程序驱动 I/O。作为 DP 主站的一个从站，在 PLC 存储器中有一段特定区域作为与主站通信的共享数据区。主站可通过通信间接控制从站 PLC 的 I/O。

分散式 I/O（非智能型 I/O）：通常由电源部分、通信适配器部分及接线端子部分组成。分散式 I/O 不具有程序存储和程序执行，通信适配器部分接收主站指令，按主站指令驱动 I/O，并将 I/O 输入及故障诊断等返回给主站。通常分散型 I/O 是由主站统一编址，这样在主站编程时使用分散式 I/O 与使用主站的 I/O 没有什么区别。

驱动器、传感器、执行机构等现场设备即带 PROFIBUS-DP 接口的现场设备，可由主站在线完成系统配置、参数修改、数据交换等功能。至于哪些参数可进行通信，以及参数格式，由 PROFIBUS-DP 行规决定。

3.3.2　令牌总线机制

连接到 PROFIBUS 网络的主动节点（主站）按它的总线地址的升序组成一个逻辑令牌环（见图 3-15）。在逻辑令牌环中主动节点是一个接一个地排列的，控制令牌总按这个顺序从一个站传递到下一个站。令牌提供访问传输介质的权力，并用特殊的令牌帧在主动节点（主站）间传递。具有总线地址 HAS（最高站地址）的主动节点例外，它只传递令牌给具有最低总线地址的主动节点，以此使逻辑令牌环闭合。

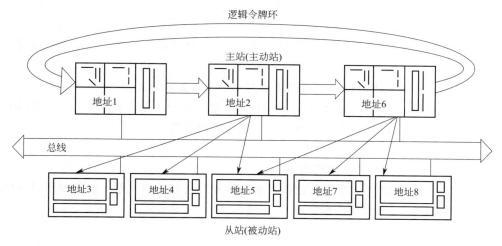

图 3-15　DP 多主站的令牌机制

令牌经过所有主动节点轮转一次所需的时间叫做令牌轮转时间。用可调整的令牌时间 T_{TR}（目标令牌循环时间）来规定现场总线系统中令牌轮转一次所允许的最大时间。在多主站网络中，令牌调度必须保证每个主站有足够的时间完成其通信任务。

站点的令牌持有时间为 T_{TH}（接受令牌后可用于完成通信任务的时间）；令牌实际循环时间为 T_{RR}。

在总线初始化和启动阶段，总线访问控制（也称为 MAC，即介质访问控制）通过辨认主动节点来建立令牌环。为了管理控制令牌，MAC 程序首先自动地判定总线上所有主动节点的地址，并将这些节点及它们的节点地址都记录在 LAS（主动站表）中。对于令牌管理而言，有两个地址概念特别重要：PS 节点（前一站）的地址（即下一站是从此站接收到令牌的）；NS 节点（下一站）的地址（即令牌传递给此站）。在运行期间，为了从令牌环中去掉有故障的主动节点或增加新的主动节到令牌环中而不影响总线上的数据通信，也需要 LAS。

在总线系统初建时，主站介质存取控制 MAC 的任务是制定总线上的站点分配并建立逻辑环。在总线运行期间，断电或损坏的主站必须从环中排除，新上电的主站必须加入逻辑环。

多主站系统中主站与各自从站构成相互独立的子系统。每个子系统包括一个 DPM1、指定的若干从站及可能的 DPM2 设备。任何一个主站均可读取 DP 从站的输入/输出映像，但只有一个 DP 主站允许对 DP 从站写入数据。图中两个主站访问同一从站的功能在 MS2 通信中实现。

3.3.3　DP 设备间的通信关系

2 类 DP 主站是编程装置、能够诊断和管理设备的主站。除了已经描述的 1 类主站的功能外，2 类 DP 主站通常还支持下列特殊功能。

（1）RD_Inp 和 RD_Outp

在与 1 类 DP 主站进行数据通信的同时，用这些功能可读取 DP 从站的输入和输出数据。

（2）Get_Cfg

用此功能读取 DP 从站的当前组态数据。

（3）Set_Slave_Add

此功能允许 DPM2 分配一个新的总线地址给一个 DP 从站。当然，此从站是支持这种地址定义方法的。

此外，2 类 DP 主站还提供一些功能用于与 1 类 DP 主站的通信。

可以将 1 类 DP 主站、2 类 DP 主站和 DP 从站组合在一个硬件模块中形成一个 DP 组合设备。实际上，这样的设备是很常见的。一些典型的设备组合如下：

① 1 类 DP 主站与 2 类 DP 主站的组合。

② DP 从站与 1 类 DP 主站的组合。

图 3-16 和表 3-4 列出了各类 DP 设备基本功能及设备间通信关系，包括调用时所使用的 SAP 号及在数据链路层所使用的服务形式。

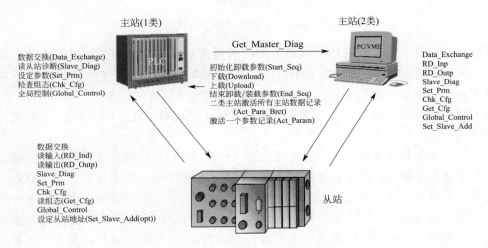

图 3-16　DP 中各类设备间通信关系

表 3-4　DP 设备基本功能及设备间通信关系一览表

功能/服务 依据 EN50170	DP 从站 RequResp	DP 主站（1 类） RequResp	DP 主站（2 类） RequResp	使用的 SAP 号	使用的第 2 层服务
Data_Exchange	M	M	0	缺省 SAP	SRD
RD_Inp	M		0	56	SRD
RD_Outp	M		0	57	SRD
Slave_Diag	M	M	0	60	SRD
Set_Prm	M	M	0	61	SRD

功能/服务 依据 EN50170	DP 从站 RequResp	DP 主站(1 类) RequResp	DP 主站(2 类) RequResp	使用的 SAP 号	使用的第 2 层服务
Chk_Cfg	M	M	0	62	SRD
Get_Cfg	M		0	59	SRD
Global_Control	M	M	0	58	SDN
Set_Slave_Add	0		0	55	SRD
M_M_Communication		0	0	54	SRD/SDN
DPVIServices	0	0	0	51/50	SRD

注：Requ—请求方；Resp—响应方；M—强制性功能；0—可选功能。

3.3.4 主-从通信机制

一个网络中有若干个被动节点（从站），而它的逻辑令牌环只含一个主动节点（主站），这样的网络称为纯主-从系统（见图 3-17）。

典型的 PROFIBUS-DP 总线配置是以此种总线存取机制为基础的。一个主动节点（主站）循环地与被动节点（DP 从站）交换数据。

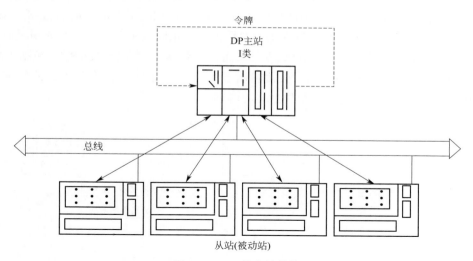

图 3-17　DP 单主站结构

主-从结构中，主站可以主动发送信息给从站或从从站获取信息。从站是被动节点，在没有接受主站的请求时，绝对不能主动发出信息占据总线，只有当主站请求时总线上的 DP 从站才可能活动。DP 从站被 DP 主站按轮询表依次访问，DP 主站与 DP 从站间的用户数据可以连续地交换而不需考虑用户数据的内容。图 3-18 指出在 DP 主站上是怎样处理轮询表的，DP 主站与 DP 从站间的一个报文循环由 DP 主站发出的请求帧（轮询报文）和由 DP 从站返回的有关应答或响应帧组成。DP 从站只与装载此从站的参数并组态它的 DP 主站交换用户数据。DP 从站可以向此主站报告本地诊断中断和过程中断。

在 DP 主站与从站设备交换用户数据之前，DP 主站必须定义 DP 从站的参数并组态此从站。为此，DP 主站首先检查 DP 从站是否在总线上，如果是，则 DP 主站通过请求从站的诊断数据来检查 DP 从站的准备情况。当 DP 从站报告它已准备好参数定义时，则 DP 主

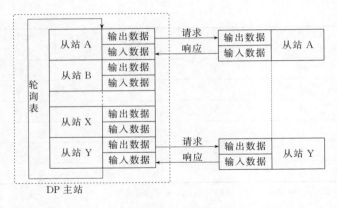

图 3-18　在 DP 主站上处理轮询表的情况

站装载参数集和组态数据。DP 主站再请求从站的诊断数据以查明从站是否准备就绪，只有在这些工作完成后，DP 主站才开始循环地与 DP 从站交换用户数据。主从通信主要包括下列过程。

（1）参数数据（Set_Prm）

参数集包括预定给 DP 从站的重要的本地和全局参数、特征和功能。为了规定和组态从站参数，通常使用装有组态工具的 DP 主站来进行，如图 3-19 所示。使用直接组态方法，则需填写由组态软件的图形用户接口提供的对话框。使用间接组态方法，则要用组态工具存取当前的参数和有关 DP 从站的 GSD 数据（设备基本数据）。参数报文的结构包括 EN50170 标准规定的部分，必要时还包括 DP 从站和制造商特指的部分。参数报文的长度不能超过 244 个字节，以下列出了最重要的参数报文的内容。

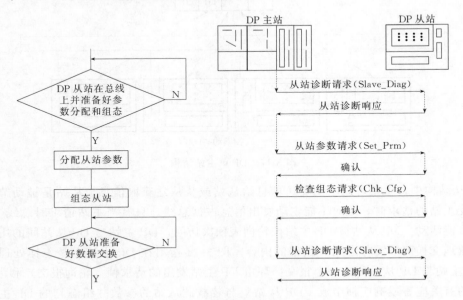

图 3-19　DP 从站初始化阶段的主要顺序

· Station Status：Station Status 包括与从站有关的功能和设定。例如，它规定定时监视器（Watchdog）是否要被激活。它还规定了启用不启用由其他 DP 主站存取此 DP 从站，如果在组态时规定有，那么 sync 或 Freeze 控制命令是否与此从站一起被使用。

·Watchdog：Watchdog（定时监视器，"看门狗"）检查 DP 主站的故障。如果定时监视器被启用，且 DP 从站检查了 DP 主站有故障，则本地输出数据被删除或进入规定的安全状态（替代值被传送给输出）。在总线上运行的一个 DP 从站，可以带定时监视器也可以不带。

根据总线配置和所选用的传输速率，组态工具建议此总线配置可以使用的定时监视器的时间（请参阅"总线参数"）。

·Ident_Number：DP 从站的标识号（Ident_Number）是由 PNO 在认证时指定的。DP 从站的标识号存放在此设备的主要文件中。只有当参数报文中的标识号与此 DP 从站本身的标识号相一致时，此 DP 从站才接收此参数报文。这样就防止了偶尔出现的从站设备的错误参数定义。

·Group_Ident：Group_Ident 可将 DP 从站分组组合，以便使用 Sync 和 Freeze 控制命令。最多可允许组成 8 组。

·User_Prm_Data：DP 从站参数数据（User_Prm_Data）为 DP 从站规定了有关应用数据（例如，可能包括缺省设定或控制器参数）。

（2）组态数据（Chk_Cfg）

在组态数据报文中，DP 主站发送标识符格式给 DP 从站，这些标识符格式告知 DP 从站要被交换的输入/输出区域的范围和结构。这些区域（也称"模块"）是按 DP 主站和 DP 从站约定的字节或字结构（标识符格式）形式定义的。标识符格式允许指定输入或输出区域以及各模块的输入和输出区域。这些数据区域的大小最多可以有 16 个字节/字。当定义组态报文时，必须依据 DP 从站设备类型考虑下列特性：

·DP 从站有固定的输入和输出区域（如 I/O ET200B）。

·依据配置，DP 从站有动态的输入/输出区域（如，模块化 I/OET200M 或驱动）。

·DP 从站的输入/输出区域由此 DP 从站及其制造商特指的标识符格式来规定（如，S7DP 从站，ET200B 模拟量，DP/AS-I 链接器和 ET200M）

那些包括连续的信息而又不能按字节或字结构安排的输入和/输出数据区域被称之为"连续的"数据（例如它们包含用于闭环控制器的参数区域或用于驱动控制的参数集）。使用特殊的标识符格式（与 DP 从站和制造商有关的）可以规定最多 64 个字节/字的输入和输出数据区域（模块）。DP 从站可使用的输入、输出域（模块）存放在设备主要文件（GSD 文件）中，在组态此 DP 从站时它们将由组态工具推荐给你。

（3）诊断数据（Slave_Diag）

在启动阶段，DP 主站使用请求诊断数据来检查 DP 从站是否存在和是否准备就绪接收参数信息。由 DP 从站提交的诊断数据包括符合 EN50170 标准的诊断部分（如果有的话，还包括此 DP 从站专用的诊断信息）。DP 从站发送诊断信息告知 DP 主站它的运行状态以及发生出错事件时出错的原因。DP 从站可以使用第 2 层中"High_Priority"（高优先权）的 DataExchange。响应报文发送一个本地诊断中断给 DP 主站的第 2 层，在响应时 DP 主站请求评估此诊断数据。如果不存在当前的诊断中断，则 Data_Exchange 响应报文具有"Low_Priority"（低优先权）标识符。然而，即使没有诊断中断的特殊报告存在，DP 主站也随时可以请求 DP 从站的诊断数据。

（4）用户数据（Data_Exchange）

DP 从站检查从 DP 主站接收到的参数和组态信息，如果没有错误而且允许由 DP 主站请求的设定，则 DP 从站发送诊断数据报告它已为循环地交换用户数据准备就绪。从此时起，DP 主站与 DP 从站交换所组态的用户数据，如图 3-20 所示。在交换用户数据期间，DP 从站只对由定义它的参数并组态它的 1 类 DP 主站发来的 Data_Exchange 请求帧报文作出反应，其他的用户数据报文均被此 DP 从站拒绝。这就是说，只传输有用的数据。

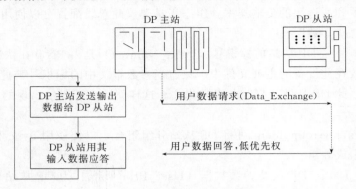

图 3-20 DP 主站与 DP 从站循环交换用户数据

如图 3-21 所示，DP 从站可以使用将应答时的报文服务级别从"Low_Priority"（低优先权）改变为"High_priority"。High_priority（高优先权）来告知 DP 主站其当前的诊断中断或现有的状态信息。然后，DP 主站在诊断报文中作出一个由 DP 从站发来的实际诊断或状态信息请求。在获取诊断数据之后，DP 从站和 DP 主站返回到交换用户数据状态。使用请求/响应报文，DP 主站与 DP 从站可以双向交换最多 244 个字节的用户数据。

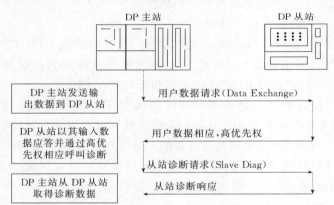

图 3-21 DP 从站报告当前的诊断中断

（5）全局控制 Global Control

DP 主站使用此控制命令将它的运行状态告知给各 DP 从站。此外，还可以将控制命令发送给个别从站或规定的 DP 从站组，以实现系统行为的确定、输出数据和输入数据的同步（Sync 和 Freeze 命令）。

在 EN50170 Vol.2 中定义了 DP 主站和 DP 从站的系统行为。系统行为主要由 DP 主站（1 类）的系统行为来确定。DP 主站（1 类）区别下列状态（模式）。

停止（STOP）：在 DP 主站和 DP 从站之间无数据传输。

清除（CLEAR）：DP 主站读 DP 从站的输入数据并保持输出在失效安全状态。

运行（OPERATE）：DP 主站处在数据传输阶段，在后继的周期中，DP 从站的输入被读，且输出数据被写给 DP 从站。

(6) 从站的状态机

从从站的行为看，从站接收总线上的每条报文，如果与自己无关，则忽略不处理，如果是发给自己的则按照图 3-22 所示状态机进行响应。该状态机中有四个状态。

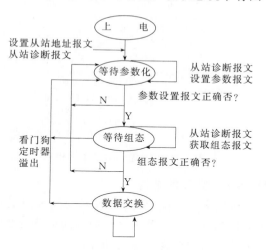

图 3-22　从站状态机

・Power_On（上电）状态。

在上电后从站进入 Power_On 状态，在这个状态下从站首先需要进行初始化，设置各项参数如站地址和报文缓冲区等等。

在此状态下，从站能从 2 类主站接受 Set_Slave_Add 报文，改变自身的地址。

・Wait_Prm（等待参数化）状态。

初始化完毕后，从站进入 Wait_Prm 状态，等待来自一个主站的 Set_Prm 报文。

・Wait_Cfg（等待组态）状态。

在进行正确的参数化后，从站进入 Wait_Cfg 状态，等待 Chk_Cfg 报文。

・Date_Exchange（数据交换）状态。

3.3.5　DP 循环

（1）PROFIBUS-DP 循环的结构

图 3-23 展示出单主总线系统中 DP 循环的结构，一个 DP 循环包括固定部分和可变部分。固定部分由循环报文构成，它包括总线存取控制（令牌管理和站状态）和与 DP 从站的数据通信（Data_Exchange）；DP 循环的可变部分由被控事件的非循环报文构成。报文的非循环部分包括下列内容：

① DP 从站初始化阶段的数据通信。

② DP 从站诊断功能。

③ 2 类 DP 主站通信。

④ DP 主站与主站通信。

⑤ 非正常情况下（Retry），第二层控制的报文重复。

⑥ 与 DPV1 对应的非循环数据通信。

⑦ PG 在线功能。

⑧ HMI 功能。

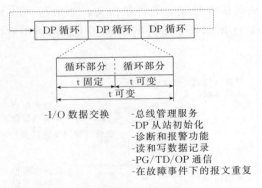

图 3-23　DP 循环的基本结构

（2）固定的 PROFIBUS-DP 循环的结构

对于自动化领域的某些应用来说，固定的 DP 循环时间和固定的 I/O 数据交换是有好处的，这特别适用于现场驱动控制。例如，若干个驱动的同步就需要固定的总线循环时间。

固定的总线循环常常也称之为"等距"总线循环。

与正常的 DP 循环相比较，在 DP 主站的一个固定的 DP 循环期间，保留了一定的时间用于非循环通信。如图 3-24 所示，DP 主站确保这个保留的时间不超时，这只允许一定数量的非循环报文事件。如果此保留的时间未用完，则通过多次给自己发报文的办法直到达到所选定的固定总线循环时间为止，这样就产生了一个暂停时间。这确保所保留的固定总线循环时间精确到微秒。

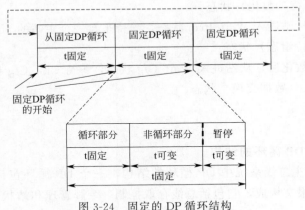

图 3-24　固定的 DP 循环结构

固定的 DP 总线循环的时间用 STEP7 组态软件来指定，STEP7 根据所组态的系统并结合考虑某些典型的非循环服务部分推荐一个缺省时间值。当然，可以修改 STEP7 推荐的固定的总线循环时间值。

直至目前，固定的 DP 循环时间只能在单主系统中设定。

（3）采用交叉通信的数据交换

交叉通信（也称之为"直接通信"）是在 SIMATIC S7 应用中使用 PROFIBUS-DP 的另一种数据通信方法。在交叉通信期间，DP 从站不用 1 对 1 的报文（从～主）响应 DP 主站，而用特殊的 1 对多的报文。这就是说，包含在响应报文中的 DP 从站的输入数据不仅对相关的主站可使用，而且也对总线上支持这种功能的所有 DP 节点都可使用。如图 3-25 所示。

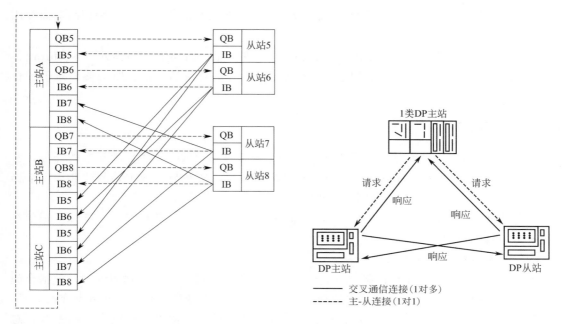

图 3-25　交叉通信期间的主-从关系　　　　图 3-26　交叉通信期间的从-从关系

用交叉通信，通信关系"主-从"和"从-从"是可能的，但它们并不被所有类型的 SI-MATIC S7 DP 主站和从站设备的模块所支持。使用 STEP7 软件来确定关系类型，允许两种方式的组合。

① 采用交叉通信的主-从关系　图 3-26 展示出建立在一个包含 3 个 DP 主站、4 个 DP 从站的多主系统中的主-从关系。图中所示的所有从站均用一对多的报文发送它们的输入数据。对 DP 主站 A 而言，从站 5 和从站 6 是指定给它的，但它也利用这种报文接收从站 7 和从站 8 的输入数据。类似地，从站 7 和从站 8 是分配给 DP 主站 B 的，但它也接收从站 5 和从站 6 的输入数据。如图 3-26 所示，尽管没有从站分配给 DP 主站 C，但它接收运行在此总线系统上的所有从站的输入数据（即从站 5，6，7，8 的输入数据）。

但 C 主站只能读取输入，不能改变输出。

② 采用交叉通信的从-从关系　图 3-26 所示的从-从关系是使用交叉通信的另一种数据交换类型，其中使用 I-从站（如 CPU315-2DP）。在这种通信方式中，I-从站可以接收其他 DP 从站的输入数据。

3.4　DP 的三个版本

DP 发展过程中出现 3 个版本。现从版本发展的角度，对 DP 总线的基本功能和扩展功能做补充的阐述。

DPV0 规定了周期性数据交换所需要的基本通信功能，提供了对 PROFIBUS 的数据链路层 FDL 的基本技术描述以及站点诊断、模块诊断和特定通道的三级诊断功能。

DPV1 包括有依据过程自动化的需求而增加的功能，特别是用于参数赋值、操作、智能现场设备的可视化和报警处理等（类似于循环的用户数据通信）的非周期的数据通信以及更复杂类型的数据传输。DPV1 有三种附加的报警类型，即状态报警、刷新报警和制造商专用的报警。

DPV2 包括有根据驱动技术的需求而增加的其他功能，如同步从站模式（Isochronous slave mode），实现运动控制中时钟同步的数据传输、从站对从站通信、驱动器设定值的标准化配置等。

3.4.1 DP-V0

1 类主站与从站间为交换数据而开展的周期性通信，是 PROFIBUS 最基本的任务，常称之为 MS0 模式。非周期性数据交换服务分成两大类型，从站与 1 类主站间的非周期数据通信称作 MS1，从站与 2 类主站间的则称作 MS2。

周期性地重复通信是 MS0 区别于 MS1 和 MS2 的显著特征。MS1、MS2 与 MS0 通信在总线上是分时进行的。

DP-V0 涵盖的功能主要如下。

① 总线数据链路层 FDL 控制：节点地址重复检测与处理；总线令牌的维护，包括令牌时间控制、令牌轮转控制，令牌丢失处理等；节点的上线/下线处理；主站间数据交换。

各主站间为令牌传送，主站与从站间为主-从循环传送，支持单主站或多主站系统，总线上最多 126 个站。可以采用点对点用户数据通信、广播（控制指令）方式和循环主-从用户数据通信。

② 基本的 MS0 工作：可以实现中央处理器与分布式 I/O 之间的快速循环数据交换。传输字节＜224B；广播功能地址 127。

③ 除主-从 MS0 功能外，DP 允许主-主之间的数据通信，即 DPM1 和 DPM2 之间的数据交换。这些功能使组态和诊断设备通过总线对系统进行组态，对 DPM1 进行操作，动态地允许或禁止 DPM1 与某些从站之间交换数据。

④ 站、模块、通道三级诊断：除了在对系统和从站的初始化阶段中，从站能给出诊断信息外，在从站的任何状态，如进入正常的数据周期交换阶段后，若从站或外设出现错误时，从站也可以主动向主站发出"示意"，表示目前有一个诊断信息数据已等在发送队列中，主站则在下一个周期的操作中发出诊断请求，以"取走"此诊断信息数据。

一般来说，从站的诊断信息数据收集和向主站的传输，是在智能型从站的支持下进行的。对简单型从站来说，只有适当地配置硬件后，才能实现各种诊断功能。

扩展的 DP 诊断功能能对故障进行快速定位。诊断信息在总线上传输并由主站采集。诊断信息分 3 级：本站诊断操作，即本站设备的一般操作状态，如温度过高、压力过低；模块诊断操作，即一个站点的某具体 I/O 模块故障；通道诊断操作，即一个单独输入/输出位的故障。

⑤ 保护功能：对 DP 主站 DPM1 使用数据控制定时器对从站的数据传输进行监视。每个从站都采用独立的控制定时器（即看门狗定时器 Watchdog Timer），在规定的监视间隔时间中，如数据传输发生差错，定时器就会超时，一旦发生超时，用户就会得到这个信息。如果错误自动反应功能 Auto_clear 使能，DPM1 将脱离操作状态，并将所有关联从站的输出

置于故障安全状态，并进入清除状态。

系统行为主要取决于 DPM1 的操作状态，这些状态由本地或总线的配置设备所控制。主要有 3 种状态：停止、清除、运行。

⑥ 动态激活/关闭从站，同步、锁定（冻结）功能；强制控制 I/O 等特殊功能。

除 DPM1 设备自动执行的用户数据循环传输外，DP 主站设备也可向单独的 DP 从站、一组从站或全体从站同时发送控制命令，这些命令通过有选择的广播命令发送。使用这一功能将打开 DP 从站的同级锁定模式，用于 DP 从站的事件控制同步。

主站发送同步命令后，所选的从站进入同步模式。在这种模式中，所编址的从站输出数据锁定在当前状态下。在这之后的用户数据传输周期中，从站存储接收到主站输出的数据，但它的输出状态保持不变；当接收到下一同步命令时，所存储的输出数据才发送到外围设备上。用户可通过非同步命令（UNSYNC）退出同步模式。这样它们又可以参与与 DP 主站的循环的数据传输。于是，用 Data_Exchang 报文接收到的输出数据就被立刻转发到 DP 从站的输出上。

FREEZE 控制命令冻结 DP 从站的输入。当 DP 从站运行在 FREEZE 模式下并接收到来自 DP 主站的 FREEZE 命令时，当前排队等候的 DP 从站的输入数据被存放在 DP 从站上的转移缓存器中，即被冻结。然后，DP 主站发送一个 Data_Exchange 报文从 DP 从站的转移缓存器中读这个被冻结的输入数据。但当前排队等候在 DP 从站输入上的数据仅当接收到另一个 FREEZE 命令时才被读取。再次，此数据被冻结在 DP 从站的转移缓存器中，DP 主站可以接连不断地读这个被冻结的数据直到接收到下一个 FREEZE 命令为止。这个控制命令允许同时（同步）传输排队等候在 DP 从站上的输入数据。

DP 控制命令 UNFREEZE 取消所寻址的 DP 从站的 FREEZE 模式，这样它们又可以参与与 DP 主站的循环的数据传输。DP 从站的输入数据不再暂时存放在缓存器中，而可以立刻被 DP 主站读取。

3.4.2 DP-V1

随着 PROFIBUS 的进一步推广，尤其是在过程控制中的应用使得从站的规模增大，结构更为复杂。如从站更多地采用了模块化结构，需要主站控制器能对从站中的某一个模块单独进行数据的写入读出操作，而不是像在 DPV0 中那样一次执行对一个从站整体（所有模块）的写入读出数据。因此，在进行初始化组态时，从站需要配置更多的参数。

同时，过程控制中的应用常常要求在运行过程中对单个模块的参数进行修改，如对某个模拟输入量的测量范围在线修改以更精确地反映外部测量值。同时，过程控制也要求更可靠更迅速的报警功能，能突破令牌循环大周期的限制（报警具有更高的优先级），更快地将从站收集到的报警信号上传到控制主站。无须等待令牌在多个主站间转回后才能占有总线而传递报警信息。

除了 DP-V0 的功能外，DP-V1 最主要的特征是具有主站与从站之间的非循环数据交换功能，可以用它来进行参数设置、诊断和报警处理。非循环数据交换与循环数据交换是并行执行的，但非循环数据交换的优先级低。

1 类主站 DPM1 可以通过非循环数据通信读写从站的数据块，数据传输在 DPM1 建立的 MS1 连接上进行，可以用主站来组态从站以及设置从站的参数。

对数据寻址时，PROFIBUS 假设从站的物理结构是模块化的，即从站由称为"模块"

的逻辑功能单元构成。在基本 DP 功能中这种模型也用于数据的循环传送。每一模块的输入/输出字节数为常数，在用户数据报文中按固定的位置来传送。寻址过程基于标识符，用它来自示模块的类型，包括输入、输出或二者的结合，所有标识符的集合产生了从站的配置。在系统启动时由 DPM1 对标识符进行检查。

与 MS0 通信相似，MS1 通信建立之前也需要对参数赋值，也是使用 Set_Prm 指令。

MS1 非周期数据交换包括下列服务。

非周期数据读取（DS_Read）；SAP51 DS_Read_REQ、DS_Read_RES。

非周期数据写入（DS_Write）；SAP51 DS_Write_REQ、DS_ Write_RES。

报警响应（Alarm_Ack），从站增加 SAP50（0x32）报警类功能。

DP-V1 中还定义了从站与 DPM2 主站间的直接进行的非周期数据交换，这种数据交换称为 MS2，是不需要"绕经"DP M1 的。

在启动非循环数据通信之前，DPM2 用初始化服务建立 MS2 连接通道。MS2 用于读、写和数据传输服务。一个从站可以同时保持几个激活的 MS2 连接通道，但是连接的数量受到从站的限制。DPM2 与从站建立或中止非循环数据通信连接，读写从站的数据块。数据传输功能向从站非循环地写指定的数据，如果需要，可以在同一周期读数据。

在开始 MS2 通信前，DP M2 也需要与从站间有一个初始化的过程，然后才能开始 MS2 非周期数据交换。

MS2 的通信可同时与不同的从站并行地建立多个通信的连接。其中，"Initiate"服务用于建立连接通道，"Abort"用于连接通道的中止。另一方面，一个从站也可以与不同的多个 DP M2 建立连接通道，对于从站来说，连接的多少只受限于自身的存储空间。

目前，MS2 中定义的服务有：

Initiate 建立链接（通道）；

DS_Read 读非周期性数据；

DS_Write 写非周期性数据；

Data_Transport 数据传输；

Abort 链接通道的中止；

其中，DS_Read、DS_Write 与 MS1 通道中相同。

3.4.3 DP-V2

PROFIBUS-DPV2 可以实现循环通信、非循环通信、时间同步以及从站之间的直接通信。建立了等时间间隔的总线循环周期，其时间偏差小于 $1\mu s$，即适用于高精度定位控制、运动控制和联锁保护。实现了支持增强型的 SR 系统冗余技术。DP-V2 可根据不同的应用需要开发专用行规（profile），如用于运动控制的 ProfiDrive 和用于联锁保护的 ProfiSafe 等。

① 数据交换广播发送 DXB（Data Exchange Broadcast）。DPV0 中只是定义了标准的数据交换。DPM1 拿到令牌向所属各个从站发出轮询请求，从站将数据返回给主站，从站之间是不能发起数据通信，只能经主站中转，一般要等到下一个系统周期之后才能执行。

DPV2 中扩展了这一功能，从站之间的直接数据通信通过所谓的 Publisher/Subscriber 模式执行。从站被默认为 Publisher，使它们的输入数据/实际值和测量值可供其他从站使用，供 Subscriber 读取。它通过向主站发送作为报告的响应信息来执行。直接数据通信也具有周期性。

网络上可以有多个 Publisher 和 Subscriber，一个从站既可是 Publisher，也可同时是 Subscriber

② 等时同步模式 IsoM（Isochrone Mode）。IsoM 快速确定性的通信归因于在总线系统中的时钟同步，一个周期性且严格等距的时钟脉冲被从主站传送到所有总线节点，所有应用间的同步精度$<1\mu s$。等时同步模式下，当前的所有自由运行的单个循环均实现同步，包括CPU 中的用户程序、PROFIBUS 子网上的 DP 循环、DP 从站中的循环直至 DP 从站的 I/O 模块中的循环。对于其他一般应用是无所谓的，对于需要精确控制的高速运动闭环控制，等时线非常重要。

IsoM 通过全局控制 GC（Global Control）广播报文使所有参加设备与总线的主循环同步，实现同步协调各个环节的主循环同步，实现同步协调各个环节的等时同步。

设备循环与总线的主循环同步，实现同步协调各个环节的等时同步。IsoM 等时同步模式有如下特点：用户应用程序与 I/O 设备的处理同步，即 I/O 输入输出数据与系统循环同步，本周期中输入的数据能够保证在下一个同步周期中被处理，且在第 3 个周期中能输出到终端；I/O 数据以相同的间隔输入输出 I/O，相继传输的数据彼此间有逻辑和时间上的内在关系。

③ 时间标记（Time-Stamp）。此功能的实现是由（实时）主站通过新定义的 MS3 类服务（无连接型）向所有从站广播发送一个 Time-Stamp 时间标签，使一个系统中的所有的站点与系统保持时间同步。Time_Stamp 可以使得两个主设备间的时间误差小于 1ms，以便精确地跟踪事件。对分据在两个总线段中的站点，即 2 个站点设备间有 Repeater、Coupler 或Linker 互联设备时，其时间误差小于 10ms。

④ HART to DP。继续增强了 "HART ON DP" 技术，可以在 DP 总线上更好地连接HART 仪表。

⑤ 上载、下载（Upload and Download）。上载和下载功能允许用少量命令在现场设备中装载任意大小的数据区，即利用简单的指令控制大量数据在主站（DPM1、DPM2）和从站间传递。此时的数据是以块划分，且使用 Slot_Index 作为寻址机制。

⑥ 从站冗余（Slave Dundancy）。PROFIBUS 冗余的概念中有 3 种不同方面的冗余技术，主站冗余、介质冗余（总线电缆）、从站冗余。从站冗余：每个从站有 Primary Slave（主从站，当前激活状态）和 Backup Slave（处于 Standby 备用状态）两部分模块。

⑦ 通过程序对从站启、停控制，功能调用。

3.4.4　GSD 文件

为了将不同厂家生产的 PROFIBUS 产品集成在一起，生产厂家必须以 GSD 文件方式描述这些产品的功能参数（如 I/O 点数、诊断信息、传输速率、时间监视等）。标准的 GSD数据将通信扩大到操作员控制级。使用根据 GSD 所作的组态工具可将不同厂商生产的设备集成在同一总线系统中（如图 3-27 所示）。GSD 文件可分为以下 3 个部分。

① 总规范。包括了生产厂商和设备名称、硬件和软件版本、传输速率、监视时间间隔、总线插头指定信号。

② 与 DP 有关的规范。包括适用于主站的各项参数，如允许从站个数、上载/下载能力。

③ 与 DP 从站有关的规范。包括了与从站有关的一切规范，如输入/输出通道数、类

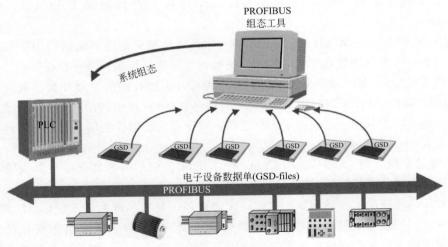

图 3-27　GSD 文件作用

型、诊断数据等。

从站的参数化过程与 GSD 密切相关。

为达到 PROFIBUS 简单的即插即用配置，GSD 文件是 PROFIBUS-DP 产品的驱动文件，是不同生产商之间为了互相集成使用所建立的标准通信接口。一般当从站模块的生产商与主站 PLC 生产商不同时，需要在主站组态时安装从站模块的 GSD 文件，比如主站 PLC 为西门子 CPU315-2DP，从站为 GE 公司的 VerseMax PLC，此时需要在 STEP7 "HWConfig" 里安装 GE 公司 VerseMax PLC 的 GSD 文件。该 GSD 文件由 GE 公司免费提供。

GSD 文件由若干行组成，每行都以一个关键字开头，包括关键字及参数（无符号数或字符串）两部分。借助于关键字，组态工具从 GSD 读取用于设备组态的设备标识、可调整的参数、相应的数据类型和所允许的界限值。GSD 文件中的关键字有些是强制性的，如 VendorName；有些关键字是可选的，如 SyncMode Supp。GSD 代替了传统的手册并在组态期间支持对输入错误及数据一致性的自动检查。

下面是一个 GSD 文件的例子。

＃PROFIBUS DP　　;DP 设备的 GSD 文件均以此关键词开始

GSD_Revision＝1　　; GSD 文件版本

Vendor_Name＝ "MeSlev"　　; 设备制造商

Model_Name＝ "DPSlave"　　; 从站模块

Revision＝ "Version01"　　; 产品名称，产品版本

RevisionNumber＝01　　; 产品版本号（可选）

Ident_Number ＝Ox01　　; 产品识别号

Protocolldent＝0　　; 协议类型（表示 DP）

StationType＝0　　; 站类型（0 表示从站）

FMSSupp＝0　　; 不支持 FMS，纯 DP 从站

HardwareRealease＝ "HW1.0"　　; 硬件版本

SoftwareRealease＝ "SW1.0"　　; 软件版本

9.6supp＝1　　; 支持 9.6kbit/s

19.2supp＝1　　　；支持 19.2kbit/s

MaxTsdr9.6＝60　　　；9.6kbit/s 时最大延迟时间

MaxTsdd9.2＝60　　　；19.2kbit/s 时最大延迟时间

RepeaterCtrl sig＝0　　；不提供 RTS 信号

24VPins＝0　　　；不提供 24V 电压

ImplementationType＝"SPC3"　　；采用的解决方案

FreezeModeSupp＝0　　；不支持锁定模式

SyncModeSupp＝0　　；不支持同步模式

AutoBaudSupp＝1　　；支持自动波特率检测

SetSlaveAddSupp＝0　　；不支持改变从站地址

FailSafe＝0　　；故障安全模式类型

MaxUserPrmDataLen＝0　　；最大用户参数数据长度（0～237）

UselprmDataLen＝0　　；用户参数长度

MinSlavelmervall＝22　　；最小从站响应循环间隔

ModularStation＝1　　；是否为模块站

MaxModule＝1　　；从站最大模块数

MaxlnputLen＝8　　；最大输入数据长度

MaxOutputLen＝8　　；最大输出数据长度

MaxDataLen＝16　　；最大数据的长度（输入输出之和）

MaxDiagDataLen＝6　　；最大诊断数据长度（6～244）

EndModule

通过读 GSD 到组态程序中，用户可以获得最适合使用的设备专用通信特性。为了支持设备商，PROFIBUS 网站上有专用的 GSD 编辑/检查程序可供下载，便于用户创建和检查 GSD 文件，也有专用的 GSD 文件库供相关设备的用户下载使用。

3.5　DP 数据链路层

根据 OSI 参考模型，第 2 层规定了总线存取控制、数据安全性以及传输协议和报文的处理。在 PROFIBUS 中，第 2 层称为 FDL 层（现场总线数据链路层）。

第 2 层报文格式提供高等级的传输安全性，所有报文均具有海明距离 HD＝4。HD＝4 的含义是指在数据报文中，可以检查出最多 3 个同时出错的位。这一要求是通过使用国际标准 IEC870-5-1 的规定、选择特殊的报文起始和终止标识符、使用无间隙同步以及使用奇偶校验位和控制字节来实现的。可以检查出以下类型的出错：

① 字符格式出错（奇偶校验、溢出、帧出错）；

② 协议出错；

③ 起始和终止定界符出错；

④ 帧检查字节出错；

⑤ 报文长度出错。

出错的报文至少要被自动地重发一次。在第 2 层中，报文的重发次数最多可设定为 8

（"retry"总线参数）。除逻辑的点对点的数据传输外，第2层还允许进行广播和群播通信的多点传输。

在广播通信中，一个主站发送信息给所有其他站（主站和从站），数据的接收不需应答。

在群播通信中，一个主站发送信息给一组站（主站和从站），数据的接收也不需应答。

3.5.1 SAP 功能

SAP 是服务存取点，上层 DP 协议通过服务存取点完成与第二层 FCL 的接口工作。如表 3-5 所示。PROFIBUS-DP 和 PROFIBUS-PA 各使用第 2 层服务的子集。

表 3-5 DP 使用的服务存取点

SAP	SERVICE
Default SAP=0	Cyclical Data Exchange(Write_Read_Data)周期地传送输入、输出数据(默认)
SAP54	Master-to-Master SAP(M-M Communication)主主通信
SAP55	Change Station Address(Set_Slave_Add)(只有从站支持此功能时才可用)
SAP56	Read Inputs(Rd_Inp)读输入
SAP57	Read Outputs(Rd_Outp)读输出
SAP58	Control Commands to a DP Slave(Global_Control)控制命令
SAP59	Read Configuration Data(Get_Cfg)读组态数据
SAP60	Read Diagnostic Data(Slave_Diagnosis)读从站诊断信息
SAP61	Send Parameterization Data(Set_Prm)发送参数化数据;初始化设置之一
SAP62	Check Configuration Data(Chk_Cfg)检查配置数据

上一层通过第 2 层的 SAP（服务存取点）调用这些服务。在 PROFIBUS-DP 和-PA 中，每一个服务存取点分配一个确定的功能。所有主站和从站允许同时使用若干个服务存取点。

SAP 的作用是给各种不同的数据传输任务一个标识，其作用类似于 TCP/IP 协议中的 IP 端口号。每一个 SAP 点对应了一种类型的传输任务，当携有 SAP 的数据进入 FDL 接口时，会有相应软件进程进行处理。

有两类服务存取点：SSAP（源服务存取点）和 DSAP（目的服务存取点）。SSAP 指示传输来的数据将由哪个进程处理。DSAP 指本地站的服务存取点。

在目的地址（DA）和源地址（SA）中，如最高位 MSB＝1，则报文头中紧跟的是 DSAP 和 SSAP；如这一位为 0，则对应于缺省值 SAP，用于数据通信，报文头中没有 DSAP 和 SSAP。

除了 SAP55 之外的其他服务点都是必备的，若设备中没有非挥发性内存，可以不支援更改从站位址的 SAP55 服务。用于启动 DP 通信的主站 SAP 为 3E（62），从站的 SAP 为 3D。主-主之间的通信服务点较特殊，均为 36H(54)。

3.5.2 DP 报文格式

PROFIBUS 的数据链路层向上层提供服务功能：①SDN 发送不需要确认的数据；②SDA 发送需要确认的数据；③SRD 发送和请求数据；④CSRD 周期性发送和请求数据；⑤MSRD 发送和请求数据多路广播；⑥CS 时钟同步，如表 3-6 所示。

表 3-6　PPROFIBUS 数据链路层的基本功能集

基本功能	服务内容	DPV0	DPV1	DPV2	FMS	PA
SDN	Send Data with No Acknowledge	●	●	●		●
SDA	Send Data with Acknowledge				●	
SRD	Send and Request Data	●	●	●	●	●
CSRD	Cyclic Send and Request Data				●	
MSRD	Send and Request Data with Multicast			●		
CS	Clock Synchronization		●	●		

DP 只使用 SRD 和 SDN 服务。其报文分类格式如下（格式均为 16 进制）。

SD1 帧：FDL 状态请求报文。无数据域，只用作查询总线上的站点是否激活。DA、SA、FC 各 1 字节（Length＝3，固定）。

SYN	SD1	DA	SA	FC	FCS	ED
	10					16

SD3 帧：带数据域，字节长度固定的帧，DU 为 8 字节

SYN	SD3	DA	SA	FC	DATA-UNIT(DU)	FCS	ED
	A2						16

SD4 令牌帧：

SYN	SD4	DA	SA
	DC		

SC 为短应答，格式为：SC＝E5，短确认报文。

SC
E5

SD2：带长度可变的数据域报文。DU1-246 字节；SD2 参数域的配置多且功能强大，是 ProfBus 应用最多的一种帧结构，也是结构最复杂的。

SYN	SD2	LE	LEr	SD2	DA	SA	FC	DATA-UNIT(DU/PDU)	FCS	ED
	68			68				1-246byte 变长		16
	1b	1b	1b	1b	1b	1b	1b		1b	1b

在 DP 应用层行规中，PDU（Protocol Data Unit）协议数据单元 1～244 字节（减去 DSAP、SSAP 各一个字节）。

SYN	SD2	LE	LEr	SD2	DA	SA	FC	DSAP	SSAP	PDU	FCS	ED
	68			68								16

各字母符号含义如下：

L 为信息字段长度；

SC 为单字符，仅用于应答（Single Character）；

SD1～SD4 为起始字节（Start Delimiter），用于区别不同的报文格式（起始定界符）；

LE/LEr 为长度字节（Length）（Repeated Length），指出可变长报文中信息字段的长度；

DA（Destination Address）为目的地址字节，指出将接收此信息的站；

SA 为源地址字节（Source Address），指出将发送此信息的站；

FC 为帧控制字节（Frame Control），包含用于此信息的服务和此信息的优先权的详细说明；

DU 为数据单元（Data Unit）包含报文的有用信息，必要时还包含扩展地址的详细说明；

FCS 为校验字节（Frame Check Sequence），包含报文校验和（不进位地加所有报文元素的和）；

ED 为终止定界符（End Delimiter），指出此报文终止；

DSAP＝目的服务存取点（Destination Service Access Point）；

SSAP＝源服务存取点（Source Service Access Point）。

LE(LEr) LE 仅出现在 SD2 报文帧中，标示 DA、SA、FC 及 DU 四个数据域的长度，代表着一个变长帧中数据信息的长度。因为 PROFIBUS 规定了最长报文帧的长度是 255B，所以 LE 的最大值应为最长报文帧长度减去六个控制域的长度，即 255B－6B＝249B，最小为 4B。因此 4≤LE≤249。

3.5.3 FC 的含义

帧控制字节的含义如表 3-7 所示。

表 3-7 帧控制字节的含义

位序	B7	B6	B5	B4	B3-b0
含义	Res	Frame Type	1	FCB	FCV	Function
			0	Stn-Type	

其中 B7 为预留位。

B6 为帧类型，B6＝1 表示发送/请求帧，B6＝0 表示响应帧。

B6＝0 时，B5B4 作 Stn 类型，即表示站类型及 FDL 状态，如 B5B4＝00，表示从站；B5B4＝01 表示主站未准备好；B5B4＝10 表示主站准备进入逻辑环；B5B4＝11 表示该站已是逻辑环上的主站。

当 B6＝1 时，B5B4 表示 FCB（Frame Counter Bit）与 FCV（Frame CountBit Valid），FCB 位为帧计数位，0/1 交错。FCV＝1 表示帧计数位有效。FCB 位与 FCV 位联合使用以防帧丢失或帧重叠。

功能码定义见表 3-8、表 3-9，为方便阅读 PROFIBUS 原文件，保留其中原文。

表 3-8　主动帧的功能码

功能号	功能（B6＝1 时，主动帧）
4	SDN low(Send Data with No acknowledge) 低优先级无应答要求的数据发送
6	SDN high(Send Data with No acknowledge) 具有高优先级的无应答要求的数据发送
7	Reserved/Request Diagnostic Data 保留/请求诊断数据
9	Request FDL Status With Reply 有回应要求的 FDL 状态请求
12	SRD low(Send and Request Data with acknowledge) 低优先级的发送并请求数据
13	SRD high(Send and Request Data with acknowledge) 高优先级的发送并请求数据
14	Request ID With Reply 请求用户标示，要求回应
15	Request LSAP Status With Reply 请求 LSAP 状态，要求回应

注：LSAP 指链路服务存取点。

表 3-9　响应帧的功能码

功能号	功能（B6＝0，响应帧）
0	ACK Positive(OK)应答肯定
1	ACK Negative[FDL/FMA1/2 user error(UE)，interface error] 应答否定，FDL/FMA1/2 用户错误/接口错误
2	ACK Negative[No resource/memory space for Send Data(RR)] 应答否定，无资源空间处理数据发送
3	ACK Negative(No service activated(RS)，SAP not activated)。 应答否定，无服务被激活
8	Response FDL/FMA 1/2 Data low(& Send Data OK) 低优先级处理 FDL/FMA 1/2 数据(且发送数据 OK)
9	ACK Negative No response FDL/FMA1/2 Data(& Send Data OK)。 应答否定，无应答 FDL/FMA1/2 数据(且发送数据 OK)
10	Response FDL Data High and Send Data OK. 高优先级回应 FDL 数据
12	Response FDL Data Low，No resource for Send Data. 低优先级应答 FDL 数据，对于请求无资源
13	Response FDL Data High，No Resource For Send Data. 高优先级应答 FDL 数据，对于请求无资源

3.5.4　报文分析

(1)主从通信报文分析

主站站号为 1，从站站号为 3，组态信息下载到 1 号站。下面是监听记录的通信过程。

主站：10 03 01 49 4D 16

（该报文为主站 1 发给从站 3 的请求帧，查询从站 3 的 FDL 状态，即从站 3 是否激活。被主站组态的从站总要被主站查询）Request FDL(Fieldbus datalink layer)status with reply

从站：10 01 03 00 04 16

（该报文为从站 3 对主站 1 的应答帧，回应主站 1"我已在线着呢！"。主站必须也要有地址）Acknowledgement positive，此处也可以验证 FCS 校验和（模 255）

主站：68 05 05 68 ｜ 83 81 6D 3C 3E ｜ EB 16

（该报文为主站 1 发给从站 3 的请求帧，读取查询从站 3 的诊断报文，以获取从站 3 的进一步信息。源 SAP60、目标 SAP62）

从站：68 0B 0B 68 ｜ 81 83 08 3E 3C *02 05 00 FF 00 08* ｜ 94 16

（该报文为从站 3 对主站 1 的应答帧，其中包含 6 个字节的诊断数据：02 05 00 FF 00 08，具体含义可参阅协议，其中第四字节为 FF 表明从站 3 尚未被任何主站所参数化）

主站：68 11 11 68 83 81 5D 3D 3E *88 02 FD 0B 00 08 00 00 00 00 00 00* 76 16

（该报文为主站 1 发给从站 3 的参数化报文帧，包含 12 个字节的参数化数据：88 02 FD 0B 00 08 00 00 00 00 00 00）

从站：E5（该报文为从站 3 对主站 1 的短应答帧，告诉主站 1 参数化成功）

主站：68 07 07 68 83 81 7D 3E 3E *11 21* 2F 16

（该报文为主站 1 发给从站 3 的组态报文帧，包含 2 个字节的组态数据：11 21，表明从站 3 应有两个字节输入和两个字节输出。3E：SAP62）

从站：E5（该报文为从站 3 对主站 1 的短应答帧，告诉主站 1 组态成功）

主站：68 05 05 68 83 81 5D 3C 3E DB 16（该报文为主站 1 发给从站 3 的请求帧，读取查询从站 3 的诊断报文）其中 3C 为 SAP60。

从站：68 0B 0B 68 81 83 08 3E 3C *00 0C 00 01 00 08* 9B 16（该报文为从站 3 对主站 1 的应答帧，其中包含 6 个字节的诊断数据：00 0C 00 01 00 08，其中第四字节为 01 表明从站 3 已经被主站 1 成功地参数化，从站 3 进入数据交换状态）

从此以下，为正常数据报文：

主站：68 05 05 68 03 01 7D *00 00* 81 16（该报文为主站 1 发给从站 3 的请求帧，包含两个字节的输出数据：00 00，并请求从站 3 的输入数据。此后主站 1 周期性地发送此报文）

从站：68 05 05 68 01 03 08 *00 80* 8C 16（该报文为从站 3 对主站 3 的应答帧，包含两个字节的输入数据：00 80）

······

(2) 多主站报文分析

组态 2 号站、3 号站两个主站，网路中没有从站。监听网络总线上报文如下：

······

DC 3 2   ;2♯向 3♯传递令牌

10 67 3 49 B3 16   ;3♯发出对 67♯站的 FDL 状态查询

DC 2 3   ;3♯向 2♯传递令牌

68 5 5 68 3 2 7D 0 0 82 16   ;2♯查询 3♯是否在线

68 5 5 68 2 3 38 0 0 3D 16   ;3♯通知 2♯ 在线

68 7 7 68 FF 82 46 3A 3E 0 0 3F 16

（FF 为广播报文，由 2 号站发出（82），SAP 3A 3E 为全局控制报文，该报文会有规律地广播，维护 Master 链表，0 0 表示主站在线上，V1V2 各种广播功能均按此方式发送）

DC 3 2；10 68 3 49 B4 16 ；DC 2 3；68 5 5 68 3 2 5D 0 0 62 16 ；68 5 5 68 2 3 38 0 0 3D 16

DC 3 2；10 69 3 49 B5 16 ；DC 2 3 68 5 5 68 3 2 7D 0 0 82 16；68 5 5 68 2 3 38 0 0 3D 16

DC 3 2；10 6A 3 49 B6 16 ；DC 2 3 68 5 5 68 3 2 5D 0 0 62 16；68 5 5 68 2 3 38 0 0 3D 16

DC 3 2；10 6B 3 49 B7 16 ；DC 2 3 68 5 5 68 3 2 7D 0 0 82 16；68 5 5 68 2 3 38 0 0 3D 16

......

DC 3 2；10 7D 3 49 C9 16；DC 2 3；68 5 5 68 3 2 7D 0 0 82 16 ;68 5 5 68 2 3 38 0 0 3D 16

DC 3 2；10 7E 3 49 CA 16 ;DC 2 3；68 5 5 68 3 2 5D 0 0 62 16 ;68 5 5 68 2 3 38 0 0 3D 16

DC 3 2；10 0 3 49 4C 16 ； DC 2 3；68 5 5 68 3 2 7D 0 0 82 16;68 5 5 68 2 3 38 0 0 3D 16

DC 3 2；10 1 3 49 4D 16 ； DC 2 3；

例子只有 2♯、3♯ 两个主站，从报文看出令牌的传递，2♯ 拿到令牌查询 3♯ 是否在线，3♯ 回应后，2♯ 将令牌交给 3♯，3♯ 一直在查询其他节点是否上线（直到 7EH，即十进制的 126），并将令牌交给 2♯。

GAP 是指令牌环中从本站地址到后继站地址之间的地址范围 GAP 表（GAPL），为 GAP 范围内所有站的状态表。

每一个主站中都有一个 GAP 维护定时器，定时器溢出即向主站提出 GAP 维护申请。主站收到申请后，使用询问 FDL 状态的 Request FDL Status 主动帧询问自己 GAP 范围内的所有地址。通过是否有返回和返回的状态，主站就可以知道自己的 GAP 范围内是否有从站从总线上下线，是否有新站添加，并及时修改自己的 GAPL。上述通信按照如下具体规则：

① 如果在 GAP 表维护中发现有新从站，则把它们记入 GAPL。

② 如果在 GAP 表维护中发现原先在 GAP 表中的从站在多次重复请求的情况下没有应答，则把该站从 GAPL 中除去，并登记该地址为未使用地址。

③ 如果在 GAP 表维护中发现有一个新主站且处于准备进入逻辑令牌环的状态，该主站将自己的 GAP 范围改变到新发现的这个主站，并且修改活动主站表，在传出令牌时把令牌交给此新主站。

3.6 DP 应用层行规 PROFIdrive

3.6.1 应用层行规

PROFIBUS - DP 协议明确规定了用户数据怎样在总线各站之间传递，但用户数据的含义是在 PROFIBUS 行规（Profile）中具体说明的。另外，行规还具体规定了 PROFIBUS-DP 如何用于应用领域。使用行规可使不同厂商所生产的不同设备互换使用，而应用人员无须关心两者之间的差异，减少实施的成本，减少复杂性。因为与应用有关的含义在行规中均作了精确的规定说明。行规定义了相关的功能子集，设备参数的缺省值。

目前已制定了如下的 DP 行规。

① NC/RC 行规（3.052）。此行规描述怎样通过 PROFIBUS-DP 来控制加工和装配的自动化设备。从高一级自动化系统的角度看，精确的顺序流程图描述了这些自动化设备的运动和程序控制。

② 编码器行规（3.062）。此行规描述具有单转或多转分辨率的旋转、角度和线性编码器怎样与 PROFIBUS-DP 相耦连。两类设备均定义了基本功能和高级功能，如比例尺标定、中断处理和扩展的诊断。

③ 变速驱动的行规（3.072）。主要的驱动技术制造商共同参加开发制定了 ProfiDrive

行规。该行规规定了怎样定义驱动参数、怎样发送设定点和实际值,这样就能使用和交换不同制造商生产的驱动设备。

此行规包含运行状态"速度控制"和"定位"所需要的规范。它规定了基本的驱动功能,并为有关应用的扩展和进一步开发留有足够的余地。此行规包括 DP 应用功能或 FMS 应用功能的映象。

④ 操作员控制和过程监视行规,HMI(人机接口)(3.082)。此行规为简单 HMI 设备规定了怎样通过 PROFIBUS-DP 把它们与高一级自动化部件相连接。本行规使用 PROFI-BUS-DP 扩展功能进行数据通信。

⑤ PROFIBUS-DP 的防止出错数据传输的行规(3.092)。此行规定义了用于有故障安全设备通信的附加数据安全机制,如紧急 OFF。由本行规规定的安全机制已经被 THV 和 BIA 批准。

3.6.2 PROFIdrive

PROFIdrive 是在 PROFIBUS 和 ProfiNet 基础上开发的一种驱动技术和应用行规,它为驱动器产品提供了一致的规范,通过认证后,产品可以方便地接入 PROFIBUS 和 Profi-Net 网络。

PROFIdrive 几乎可以为每种驱动任务提供依据。它规范了驱动设备的行为,并定义了在 PROFIBUS 和 ProfiNet 网络上访问电气传动设备驱动数据的过程,从而保证设备不再依赖于特定制造商,并可实现不同厂家设备间的互操作。

西门子公司的所有交、直流传动装置现在都采用 PROFIdrive 行规。

对用户来说,由于各种不同的驱动器能以相同的方式响应控制命令,这意味着在设计和实现成套装置和系统时可减少工程成本。

PROFIdrive 提供了多种报文格式使其可以用于简单调速或者复杂的伺服驱动应用,还可以连接伺服驱动装置和数控系统。用户可以更加便捷地在同一系统内运行来自不同厂商的多种驱动程序。可以使不同的驱动器共用一个标准的报文框架。驱动器通信装置安装将更加便捷,调试时间也被大大缩短了。

同时,PROFIdrive 的通信可实现"等时同步",即所有设备上的实际值和新的设定值都是在同一时刻获取统一的驱动总线接口数据,确保了总线周期 $1\mu s$ 的精度,即使在对于设备性能要求非常高的多轴控制场合,闭环控制性能和响应速度也能满足要求。

PROFIBUS 行业组织(PNO)已经定义了若干个版本号的可变速传动行规,最新的 3.1 版本称为 PROFIdrive 行规,在其应用分类中包括了新的性能组。

应用类 1:标准驱动。

应用类 2:带分布式工艺控制器的标准驱动。

应用类 3:位置驱动,单轴带分布式位置控制和"插补"技术。

应用类 4:位置驱动,带中央"插补"技术和分布式定位控制技术。

应用类 5:位置驱动,带中央"插补"技术和分布式闭环定位控制技术。

应用类 6:时钟处理或分布式角同步的运动控制。

对不同的应用方式定义了标准的 I/O 数据报文,可以采用周期的自由通信或用特殊报文同步的全局控制(GC:Global Control)。也支持带广播信息的 peer to peer 通信。

行规也定义了参数数据通道的读/写通信,但是与工艺相关的参数在 PROFIdrive 行规中没有定义。

为了确保进程同步，PROFIdrive 使用从站时钟，该时钟必须位于每台设备内并且正好与系统主站时钟同步。为了同步化从站时钟，PROFIdrive 使用所应用的通信系统的相应服务。对于 PROFIBUS 来说，这些服务是 DP-V2 扩展的一部分，以及在 ProfiNet IO 情况下，它们是等时同步实时功能的一部分。

PROFIdrive 主站与从站间用户数据交换的帧主要使用可变数据字段长度的帧（SD2）。协议头包括 DA、SA、FC；协议尾包括 FCS、ED，图 3-28 中 DU 为用户数据单元 DATA_UNIT，PROFIdrive 协议封装在 DU 中。

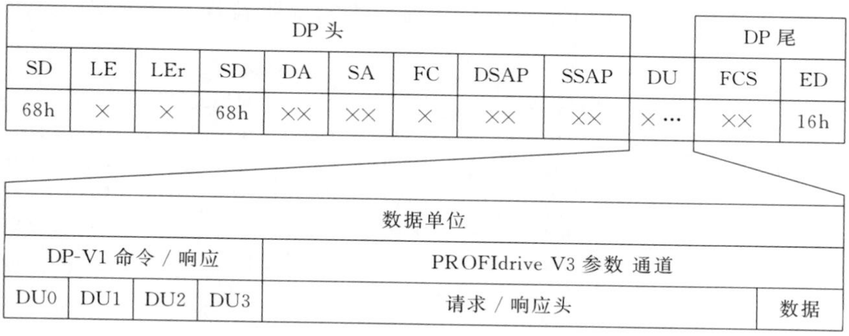

DP 头									DU	DP 尾	
SD	LE	LEr	SD	DA	SA	FC	DSAP	SSAP		FCS	ED
68h	×	×	68h	××	××	×	××	××	×···	××	16h

数据单位						
DP-V1 命令 / 响应				PROFIdrive V3 参数 通道		
DU0	DU1	DU2	DU3	请求 / 响应头		数据

图 3-28　PROFIdrive 的 DP SD2 报文

POFIdrive 行规 2.0 中周期通信采用如图 3-29 的格式，该格式在 PROFIBUS-DP 总线协议中称为 PPO（Parameter-Process Data-Object）。

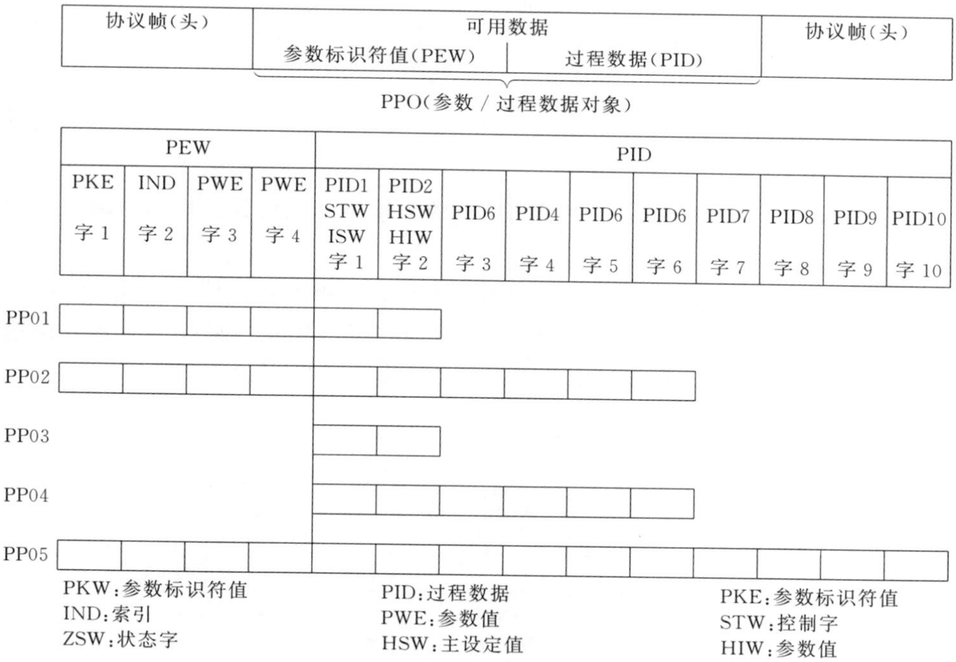

协议帧（头）	可用数据		协议帧（头）
	参数标识符值（PEW）	过程数据（PID）	

PPO（参数 / 过程数据对象）

PEW				PID									
PKE	IND	PWE	PWE	PID1 STW ISW	PID2 HSW HIW	PID6	PID4	PID6	PID6	PID7	PID8	PID9	PID10
字 1	字 2	字 3	字 4	字 1	字 2	字 3	字 4	字 5	字 6	字 7	字 8	字 9	字 10

PP01

PP02

PP03

PP04

PP05

PKW：参数标识符值　　　PID：过程数据　　　PKE：参数标识符值
IND：索引　　　　　　　PWE：参数值　　　　STW：控制字
ZSW：状态字　　　　　　HSW：主设定值　　　HIW：参数值

图 3-29　PPO 的 5 种类型

PPO 又由 PKW 和 PZD 两部分组成。

PKW 是用来读写非周期性数据，包括参数设定（变频器的参数数据）、配置和诊断。

PKW 参数区一般包含 4 个字。前两个字（PKE 和 IND）的信息是关于主站请求任务

（任务识别标记 ID）和从站应答响应（应答识别标记 ID）的报文。PKW 的后两个字（PWE1 和 PWE2）用来读写具体的参数数值。

PZD 是用来读写周期性的过程数据，即读写 I/O 信号。在 PROFIBUS-DP 总线协议中，有五类 PPO，各类 PKW 和 PZD 所要求的字数都不一样。

STW 为控制字（主站 PLC 向变频器写入的控制命令）；HSW 为主设定值（主站 PLC 向变频器写入的频率设定值）；ZSW 为状态字（主站 PLC 读取的变频器当前的运行状态）；HIW 为主实际值（主站 PLC 读取的变频器当前的运行频率）。

下面以 ABB ACS800 变频器 PROFIdrive 通信为例说明其含义（见图 3-30）。

	参数 识别			过程数据									
				固定区		自由分配区								
				DW1.1	DW1.2	DW1.3	DW3.1	DW3.2	DW3.3	DW5.1	DW5.2	DW5.3	DW7.1
区域外	ID	IND	VALUE	CW	REF	PZD3	PZD4	PZD5	PZD6	PZD7	PZD8	PZD9	PZD10
区域内	ID	IND	VALUE	SW	ACT	PZD3	PZD4	PZD5	PZD6	PZD7	PZD8	PZD9	PZD10
				DW2.1	DW2.2	DW2.3	DW4.1	DW4.2	DW4.3	DW6.1	DW6.2	DW6.3	DW8.1

图 3-30　ABB 变频器的 PPO 格式

参数含义如下。

ID：参数 ID 号。

IND：数组索引号。

VALUE：参数值（最大 4 字节）。

过程数据：

CW：控制字（从主机到从机）。

SW：状态字（从机到主机）。

REF：给定值（主机到从机）。

ACT：实际值（从机到主机）。

PZD：过程数据（由用户指定，主机到从机的为输出，从机到主机的为输入）。

DW：数据字。

例 3-1　如图 3-31 向从站写入数据。当前的参数设置被保存在传动单元的 FLASH 存储器中。通过将 PROFIBUS 参数 971（3CBh）设置为 1 可以实现该操作。注意：传动单元总是检查控制字（CW）和给定值（REF）。

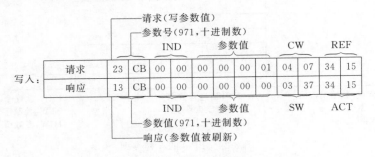

图 3-31　向从站写入数据

例 3-2　读取从站数据如图 3-32 所示，PROFIBUS 参数 918 用于读取从站的站地址，从站返回它的站地址（2）。

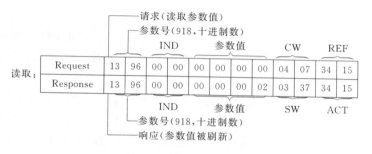

图 3-32 读取从站数据

3.7 S7-300 PLC 及 STEP7 软件

（1）S7-300 PLC 概述

S7-300 PLC 是模块化的通用型 PLC，适用于中等性能的控制要求。用户可以根据系统的具体情况选择合适的模块，维修时模块更换十分方便。当系统规模扩大和功能复杂时，可以增加模块，对 PLC 进行扩展。

S7-300 PLC 的 CPU 模块集成了过程控制功能，不需要附加任何硬件、软件和编程，就可以建立一个多点接口（Multi-Point Interface，MPI）网络。该协议是西门子内部协议，适用于通信速率要求不高、通信数据量不大时采用的简单经济的通信方式，多用于连接上位机和少量 PLC 之间近距离通信；若使用 CPU 集成的 PROFIBUS-DP 接口模块或采用通信处理器，S7-300 PLC 则可以作为 DP 网络上的主站或从站工作。

新型 S7-300 PLC 的 CPU 没有内置的存储器，必须使用 MMC 存储卡作为其存储器来保存用户数据。当 CPU 断电后 PLC 自动将存储器中的数据复制到 MMC 中，不需要后备电池就可以长时间保持动态数据。而且用户可以根据程序大小单独购买 MMC 卡，存储范围为 64KB～8MB。

S7-300 PLC 有 350 多条指令，包括位指令、比较指令、定时指令、计数指令、整数和浮点数运算指令等。CPU 的集成系统提供了中断处理和诊断信息等系统功能，由于它们集成在 CPU 的操作系统中，因此也省了很多 RAM 空间。

S7-300 PLC 可大范围扩展各种功能模块，使控制系统设计灵活，满足不同的应用需求；简单实用的分散式结构和多界面网络能力使应用十分灵活；产品设计紧凑，可用于空间有限的场合；指令集功能强大，可用于实现复杂的控制功能。

（2）S7-300 PLC 的系统组成

S7-300 PLC 采用模块化设计结构，各种单独的模块之间可灵活组合以便于扩展。

① 中央处理单元（CPU）。CPU 用于存储和处理用户程序，控制集中式 I/O 和分布式 I/O。各种 CPU 有不同的性能，有的 CPU 集成有数字量和模拟量输入/输出点，有的 CPU 集成有 PROFIBUS-DP 等通信接口。CPU 前面板上有状态故障指示灯、微存储卡插槽、模式选择开关、通信接口和 24V 电源端子。

② 电源模块（PS）。电源模块用于将交流 120/230V 电源转换为直流 24V 电源，供 CPU 模块和 I/O 模块使用。它的额定输出电流有 2A、5A 和 10A 三种，过载时模块上的

LED 闪烁。

③ 信号模块（SM）。信号模块是数字量输入/输出模块（DI/DO）和模拟量输入/输出模块（AI/AO）的总称。每个模块上有一个背板总线连接器，现场的过程信号连接到前连接器的端子上。

④ 功能模块（FM）。功能模块是智能信号的处理模块，它们不占用 CPU 的资源，对来自现场设备的信号进行控制和处理，并将信息传送给 CPU。它们负责处理那些 CPU 通常无法以规定速度完成的任务，以及对实时性和存储容量要求很高的控制任务，如高速计数、定位操作和闭环控制等。

⑤ 通信处理器（CP）。CP 用于 PLC 之间、PLC 与计算机和其他智能设备之间的通信，可以减轻 CPU 处理通信的负担，并减少用户对通信的编程工作。

⑥ 接口模块（IM）。当使用多机架配置时，IM 用于连接主机架（CR）和扩展机架（ER）。

⑦ 导轨。铝质导轨用来固定和安装 S7-300 PLC 的各种模块。

如图 3-33 所示，S7-300 PLC 控制系统包含电源模块 PS307、中央处理器 CPU 313C-2DP、模拟量 I/O 模块 SM334。其中 CPU 313C-2DP 自带 16DI/16DO，内含 40 针前连接器一个，配一个 64KB 存储卡。SM334 内含 20 针前连接器一个。

S7-300 PLC 由多种模块部件组成，各模块安装在 DIN 标准导轨上，并用螺钉固定。这种结构形式非常可靠，又能满足电磁兼容要求。背板总线集成在各模块上，通过总线连接器插在模块的背后，使背板总线连成一体。在一个机架上最多可安排 8 个模块，包括信号模块、功能模块或通信处理器模块，不包括 CPU 模块和电源模块。如果需要使用的模块超过 8 块，则可以增加扩展机架。

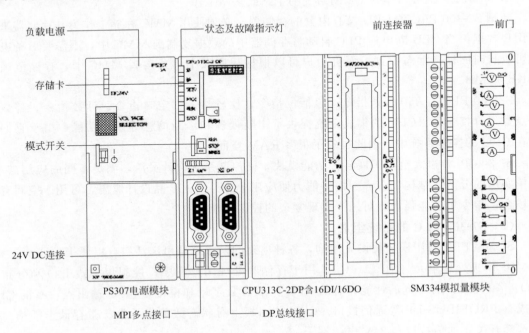

图 3-33　S7-300 PLC 典型配置

除了带 CPU 的中央机架（CR），S7-300 PLC 最多还可增加 3 个扩展机架（ER）；每个机架可插8个模块，但不包括电源模块、CPU模块和接口模块IM；4个机架最多可安装32个模块。

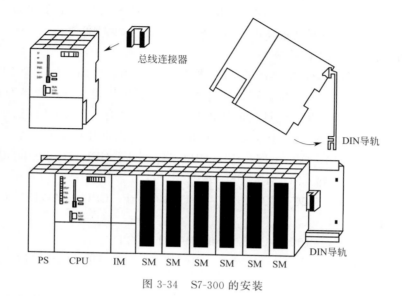

图 3-34   S7-300 的安装

机架的最左边是1号槽，最右边是11号槽，电源模块总是在1号槽的位置。中央机架（0号机架）的2号槽上是CPU模块，3号槽是接口模块。这3个槽号被固定占用，信号模块、功能模块或通信处理器模块使用4～11号槽，如图3-34所示。实际上这些都是逻辑位置，系统可以没有电源模块而使用外部开关电源，而接口模块仅在扩展机架时使用。

(3) CPU 的操作模式

① CPU 的模式选择   CPU 的模式选择开关各位置的意义如下。

a. RUN（运行）位置：CPU执行用户程序，可以通过编程软件读出用户程序，但不能修改用户程序。

b. STOP（停止）位置：不执行用户程序，通过编程软件可读出和修改用户程序。

c. MRES（清除存储器）位置：MRES位置不能保持，将开关扳到这个位置松手后开关将自动返回STOP位置。将模式选择开关从STOP状态扳到MRES位置时，可以复位存储器，使CPU回到初始状态，工作存储器、RAM装载存储器中的用户程序和地址区被清除，全部存储器位、定时器、计数器和数据块均被复位为零，包括所有保持功能的数据。CPU开始检测硬件、初始化硬件，系统程序的参数、系统参数、CPU和模块的参数被恢复为默认设置，MPI的参数被保留。如果有MMC卡，CPU在复位后则将它里面的用户程序和系统参数复制到工作存储区上。

② CPU 操作模式   S7-300 PLC 的 CPU 通常有4种操作模式，即STOP（停机）、RUN（运行）、HOLD（保持）和STARTUP（启动）。在所有的模式中，CPU都可以通过MPI接口与其他设备通信。

a. STOP 模式：模式选择开关在STOP位置，CPU模块上电后自动进入STOP模式。在该模式CPU不执行用户程序，可以接收全局数据和检查系统。

b. RUN 模式：执行用户程序，刷新输入和输出，处理中断和故障信息服务。

c. HOLD 模式：在启动和 RUN 模式执行程序时遇到调试用的断点，用户程序的执行被挂起（暂停），定时器被冻结。

d. STARTUP 模式：可以用模式选择开关或编程软件 STEP 7 启动 CPU。如果模式选择开关在 RUN 位置，通电时则自动进入启动模式。

（4）S7-300 PLC 的 CPU 的分类

S7-300 PLC 有各种不同性能档次的 CPU 模块可供使用。例如，标准型 CPU 提供范围广泛的基本功能：指令执行、I/O 读写、通过 MPI 和 CP 模块通信等；紧凑型 CPU 本机集成 I/O，并带有高速计数、频率测量、定位和 PID 调节等功能；部分 CPU 还集成了点到点或 PROFIBUS 通信接口。S7-300 PLC 的 CPU 模块可分为以下几种类型。

① 标准型 CPU：CPU 312、CPU 314、CPU 315-2DP、CPU 315-2PN/DP、CPU 317-2DP、CPU 317-2PN/DP 和 CPU 319-3PN/DP。

② 紧凑型 CPU：CPU 312C、CPU 313C、CPU 313C-PtP、CPU 313C-2DP、CPU 314C-PtP 和 CPU 314C-2DP。

③ 技术功能型 CPU：CPU 315T-2DP 和 CPU 317 T-2DP。

④ 故障安全型 CPU：CPU 315F-2DP、CPU 315F-2PN/DP、CPU 317F-2DP 和 CPU 317F-2PN/DP。

⑤ SIPLUS 户外型 CPU：可以在环境温度为 -25～70℃ 和有害的气体环境下运行。

（5）STEP7 编程软件

S7-300 系列 PLC 的编程软件是 STEP7，用文件块的形式管理用户编写的程序及程序运行所需的数据，组成结构化的用户程序。这样可以使 PLC 的程序组织明确、结构清晰、易于修改。

STEP7 编程软件用于 SIMATICS7、C7、M7 和基于 PC 的 WinAC，为它们提供组态、编程和监控等服务，主要完成以下功能：

① SIMATIC 管理器，用于集中管理所有工具以及自动化项目数据。

② 组态硬件，即为机架中的模块分配地址和设置模块的参数。

③ 程序编辑器，使用编程语言编写用户程序。

④ 符号编辑器，用于管理全局变量。

⑤ 组态通信连接、定义通信伙伴和连接特性。

⑥ 下载和上传用户程序、调试用户程序、启动、维护、文件建档、运行和诊断等。

STEP 7 的所有功能均有大量的在线帮助，打开或选中某一对象后按<F1>键即可得到该对象的在线帮助。

（6）STEP 7 的程序块

在 STEP7 软件中，PLC 中的程序分为系统程序和用户程序。系统程序用于实现与特定的控制任务无关的功能，处理 PLC 的启动、刷新过程映象输入/输出表、调用用户程序、处理中断和错误、管理存储区和处理通信等；用户程序包含处理用户特定的自动化任务所需要的所有功能。

结构化的用户程序是以"块"形式实现的。STEP 7 将用户自己编写的程序数据放置在块中，使程序部件标准化，通过块与块之间的调用，实现用户的控制功能。用户程序中的块使用情况如表 3-10 所示。

表 3-10　S7-300 中的程序块与数据块

块　名　称	功能概述
组织块（OB）	操作系统与用户程序的接口，决定用户程序的结构
系统功能块（SFB）	集成在 CPU 模块中，通过 SFB 调用系统功能，有专用的背景数据块
系统功能（SFC）	集成在 CPU 模块中，通过 SFC 调用系统功能，无专用的背景数据块
功能块（FB）	用户编写的包含常用功能的子程序，有专用的背景数据块
功能（FC）	用户编写的包含常用功能的子程序，没有专用的背景数据块
背景数据块（DI）	调用 FB 和 SFB 时用于传递参数的数据块，编译时自动生成数据，不需要用户操作
共享数据块（DB）	存储用户数据的数据区域，供所有逻辑块共享，数据结构并不依赖于特定的程序块

S7-300 PLC 的 CPU 提供标准系统功能块 SFB、SFC，用户可以直接调用它们。由于它们是操作系统的一部分，因此不需将其作为用户程序下载到 PLC 中；FB、FC 实际上是用户子程序，分为带记忆功能的功能块 FB 和不带记忆功能的功能块 FC；DB 是由用户定义的存储区，用于 FB 或 FC 的数据存取，可以打开或关闭，可以是属于某个 FB 的情景数据块，也可以是通用的全局数据块。

CPU 循环执行操作系统程序，在每次循环中，操作系统程序调用一次主程序 OB1，在任何情况下，OB1 都是必需的。其他大多数 OB 则对应于不同的中断处理程序，如果出现中断事件，CPU 将停止当前正在执行的程序，转去执行中断事件对应的组织块 OB；中断程序执行完以后，再返回到程序中断处继续执行先前正在执行的程序。在程序设计过程中，可以将一个项目控制任务划分为若干个较完整的控制模块，分别建立与各个控制模块相对应的逻辑块，块与块之间可以根据控制要求相互调用，被调用的块是 OB 之外的逻辑块。

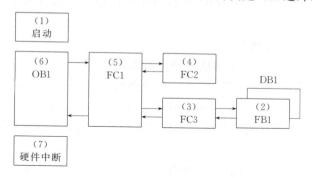

图 3-35　块调用的层次结构

块调用的分层结构如图 3-35 所示。在调用功能块 FB 和系统功能块 SFB 时需要为它们指定一个背景数据块，背景数据块随着这些块的调用而打开，在调用结束时自动关闭。创建背景数据块时，必须制定它所属的 FB，而且该 FB 必须已经存在。例如，OB1 调用 FB1，FB1 调用 FC1，创建块时应该按照先创建 FC1 再创建 FB1 的顺序。

3.8　S7-300/400 常用的组网方式

西门子 S7-300/400 控制器是 DP 网络中最常见的一类主站，它们组网方式灵活多样。这里总结其常用组网形式及组网要点，篇幅所限，具体步骤不做详细介绍。

3.8.1 DP方式

(1) 通过 CPU 集成 DP 口（或通过 DP 主站模块如 CP342-5）**与远程 I/O 之间的通信**

西门子 ET 系列远程 I/O 是 DP 网路中最为常见的远程 I/O，其他公司如图尔克等也有专门的 DP 从站 I/O 模块，这些模块使用方便，不需编程。

远程 I/O 支持冗余结构，支持基于光纤通信介质，也可以是 PROFINET I/O 形式。

CP342-5 与 CPU 上集成的 DP 接口不一样，它对应的通信接口区不是 I 区和 Q 区，而是虚拟的通信区，需要调用 CP 通信功能 FC1（DP SEND）、FC2（DP RECV）实现通信。

(2) S7-300 与 S7-200 的 DP 通信

S7-200 需配备 EM277 模块，S7-200 CPU 不需要设置或编程，EM277 模块 DP 地址旋钮需设置。

安装 EM277 的 GSD 文件后，在 STEP7 硬件配置环境中配置 EM277：添加为从站，设置 PPO 类型，分配地址映射关系。S7-300 的输入是 S7-200 的输出，S7-300 的输出是 S7-200 的输入。注意在 EM277 属性中，设置好 I/O 地址在 S7-200 V 寄存器中的偏移量（I/O Offset in V-Memory）。例如：通信字节为最大值 64byte I/64 byte O，V 中的偏移量为 0，对应关系为

$$
\begin{array}{ll}
\text{S7-300} & \text{S7-200} \\
\text{64 Byte I} <------ & \text{VB64 开始} \\
\text{64 Byte O} ------> & \text{VB0 开始}
\end{array}
$$

S7-300 中配置 S7-200 从站的地址与 S7-200 硬件地址一致。S7-200 侧不做任何设置，EM277 正常工作即可。

(3) S7-300 之间的主从通信

以两个 S7-300 一主一从的 DP 通信为例，需先配置从站。

在 STEP7 硬件配置界面中 CPU 的 DP 总线属性"操作模式"标签页中，将其设置为 DP SLAVE 模式，并且选择"Test, commissioning, routing"，将此端口设置为可以通过 PG/PC 在这个端口上对 CPU 进行监控，以便于在通信链路上进行程序监控。下面的地址用默认值即可。

主站从分类（Catalog）中找到"已配置的站→CPU 31X"从站，拖入 DP 总线。在从站属性中建链接地址对应关系。

把组态好的编译存盘并下载到 CPU 中，然后就可以在主站和从站中通过交换数据区分别读取对方的数据。

(4) 支持 DP 协议的第三方从站设备通信

支持 DP 协议的第三方从站设备很多，这也正是 DP 应用广泛的体现，其他主流的 PLC 也都有相应的接入 DP 的功能，这些模块基本上是以从站的身份接入 DP。例如 GE、AB、施耐德、欧姆龙的 PLC、ABB 机器人/变频器等都有 DP 转换模块。

近年来还出现一些专门的协议转换模块，如 Modbus 转 DP，DeviceNet 转 DP 等，这些模块的本质还是通过地址之间的映射交换数据，但给使用带来极大的方便，如上海泗博公司等国产品牌，在工程中都广泛使用，这些模块一般也是 DP 从站，像其他从站模块一样，先要安装 GSD 文件，设置通信关系及从站的具体属性后，就可方便地使用。

（5）系统功能 SFC14、SFC15 的 PROFIBUS 通信应用

功能复杂的 DP 从站，如闭环控制器或电气驱动等，它们通常不能用简单的数据结构来完成通信任务。这些 DP 从站需要更大的输入和输出区域，而且在这些 I/O 区域中的信息常常是相连不可分割的。

在组态 PROFIBUS-DP 通信时常常会见到参数"Consistency"（数据的一致性），如果选"Unit"，数据的通信将以在参数"Unit"中定义的格式-字或字节来发送和接收，比如，主站以字节格式发送 20 字节，从站将一字节一字节地接收和处理这 20 字节。

若数据到达从站接收区不在同一时刻，从站可能不在一个循环周期处理接收区的数据，如果想要保持数据的一致性，在一个周期处理这些数据就要选择参数"All"，有的版本是参数"Total length"，当通信数据大于 4 字节时，要调用 SFC15 DPWR_DAT 给数据打包（写标准 DP 从站的连续数据），调用 SFC14 DPRD_DAT 给数据解包（读标准 DP 从站的连续数据），这样数据以数据包的形式一次性完成发送、接收，保证了数据一致性。

以上例中两个 S7-300 做主从通信为例，依旧先在从站设置中，在"属性"->"组态"标签中建立通信变量，选择"Consistency"，建立输入输出。

在主站侧加入已配置的从站，在从站的"属性"中组态输入输出，之后采用 SFC14、SFC15 完成一次性读写，通信过程（见图 3-36）及具体程序实现如下。

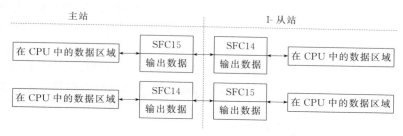

图 3-36　用 SFC14 和 SFC15 的数据通信

```
从站：
CALL SFC14          //解开存放在 IB0～IB4 的数据包,放到 MB10～MB14 中
  LADDR W#16#0              //输入模块的起始地址
  RET_VAL MW50              //返回值在 MW50 中
  RECORD P#M10.0 BYTE 5   //指针指向输入数据的数据存储区域
CALL SFC15       //从站利用 SFC15 把 MB20～M26 中的数据通过 QB0～QB6 发送到主站
  LADDR   W#16#0              //输出模块的起始地址
  RECORD   P#M20.0 BYTE 7   //指针指向输出数据的数据存储区域
  RET_VAL   MW100                //返回值在 MW100 中
主站：
CALL SFC14          //主站接受:把存放在 IB0～IB6 的数据解包,放于 MB10～MB16
  LADDR W#16#0              //输入模块的起始地址
  RET_VAL MW50              //返回值在 MW50 中
  RECORD P#M10.0 BYTE 7   //指针指向输入数据的数据存储区域
CALL SFC15       //发送到从站
  LADDR   W#16#0              //输出模块的起始地址
```

RECORD　　P♯M20.0 BYTE 5　//指针指向输出数据的数据存储区域

RET_VAL　　MW100　　　　　　　//返回值在 MW100 中

3.8.2　MPI 方式/PPI 方式

MPI/PPI 是西门子公司内部的网络协议，内容不作公开。在站数较少时使用，物理电缆和接头都借用 DP 的产品，但从物理层特性开始与 DP 均不一致。PPI 多用于 S7-200，MPI 多用于 S7-400/300/200。均可采用多主或主从结构。

MPI 总是在两个相互通信的设备之间建立连接。一个连接可能是两个设备之间的非公用连接。另一个主站不能干涉两个设备之间已经建立的连接。主站为了应用可以短时间建立一个连接，或无限的保持连接断开。MPI 连接的最大数量视 CPU 类型、性能而不同。

对于与 PG/OP、HMI 系统以及其他 SIMATIC S7/C7/WinAC 自动化系统进行通信而言，MPI 是一种经济实惠的解决方案。MPI 接口是 RS485 物理接口，传输率为 19.2kbps，187.5kbps 或 1.5kbps，相邻节点之间最大连接距离为 50m。MPI 周期性地相互交换少量的数据，最多 15 个 CPU。编程设备、人机接口和 CPU 的默认地址分别为 0，1，2。

PLC 之间通过 MPI 口通信可分为三种：

① 全局数据包通信方式，详见下文。

② 组态连接通信方式：S7-300 只能做服务器，S7-400 在与 S7-300 通信时做客户机，与 S7-400 通信时既可以做服务器，又可以做客户机，只适合于 S7-300/400 和 S7-400/400 PLC 之间的相互通信。

③ 无组态连接通信方式：需要调用系统功能块 SFC65～SFC69 来实现，适合于 S7-200/300/400 PLC 之间的相互通信。无组态连接通信方式又可分为两种方式：双边编程和单边编程方式。

(1) 全局数据包（GD）通信方式

以全局数据包（GD）通信方式实现 PLC 之间的数据交换，只需要关心数据的发送区和接收区。在配置 PLC 硬件的过程中，组态所要通信 PLC 站之间的发送区和接收区即可，不需要任何程序处理。这种通信方式只适合 S7-300/400 PLC 之间（周期性）相互通信，缺乏灵活性。

S7-300 CPU 可以建立 4 个全局数据环，每个环中一个 CPU 只能发送和接收一个数据包，最多包含 22 个数据字节。S7-300 最多可以在一个项目中的 15 个 CPU 之间建立全局数据通信。

S7-400 CPU 可以建立的全局数据环个数与 CPU 的型号有关（16～64 个），每个环中一个 CPU 只能发送一个数据包和接收两个数据包，每个数据包最多包含 54 个数据字节。

在 MPI 上实现全局数据共享的两个或多个 CPU 中，至少有一个是数据的发送方，有一个或多个是数据的接收方。发送或接收的数据称为全局数据。具有相同 Sender/Receiver（发送者/接受者）的全局数据，可以集合成一个全局数据包（GD Packet）一起发送。每个数据包用数据包号码（GD Packet Number）来标识，其中的变量用变量号码（Variable Number）来标识。参与全局数据包交换的 CPU 构成了全局数据环（GD Circle），可以建立多个 GD 环。每个全局数据环用数据环号码来标识（GD Circle Number）。例如，GD 2.1.3 表示 2 号全局数据环，1 号全局数据包中的 3 号数据。

在 PLC 操作系统的作用下，发送方 CPU 自动地周期性地将指定地址中的数据发送到接收方指定的地址区中。发送 CPU 在它的一个扫描循环结束时发送全局数据，接收 CPU 在它的一个扫描循环开始时接收 GD。

在 NetPro 工具中将配置好的 CPU 进行 MPI 网络配置，设置好地址。然后定义 MPI 网络的全局数据包，如图 3-37 所示。

	GD ID	SIMATIC 300(1)\ CPU 315-2 DP	SIMATIC 300(2)\ CPU 315-2 DP	SIMATIC 300(3)\ CPU 314	
1	SR 1.1	8	8	0	
2	GD 1.1.1	>MW0	QW0	QW0	
3	SR 2.1	8	8	0	
4	GD 2.1.1	QW0:4	>IW0:4		
5	GD				

图 3-37 MPI 的全局数据包定义

选择"Sender"为发送者，输入的地址带前缀">"，同一行中各个单元的字节数应相同。QW0：4 表示 QW0 开始的 4 个字。

如果 GD 包由若干个连续的数据区组成，一个连续的数据区占用的空间为数据区内的字节数加上两个头部说明字节。一个单独的双字占 6 个字节，一个单独的字占 4 个字节，一个单独的字节占 3 个字节，一个单独的位也占 3 个字节。

完成全局数据表的输入后，要进行编译。

以 CPU 的循环扫描周期为单位，可以设置扫描速率，如 S7-300 中默认的 8 即 8 个扫描周期读写一次。当扫描速率为 0，表示是事件驱动的 GD 发送和接收。

设置 GD 数据传输的状态双字可以用来检查数据是否被正确地传送。

使用 SFC 60 "GD_SEND" 和 SFC 61 "GD_RCV"，S7-400 可以用事件驱动的方式发送和接收 GD 包，实现全局通信（扫描速率为 0 时）。

为了保证全局数据交换的连续性，在调用 SFC 60 之前应调用 SFC 39 "DIS_IRT" 或 SFC 41 "DIS_AIRT" 来禁止或延迟更高级的中断和异步错误。SFC 60 执行完后调用 SFC 40 "EN_IRT" 或 SFC 42 "EN_AIRT"，再次确认高优先级的中断和异步错误。

（2）S7-200/300/400 间的无组态连接 MPI 通信方式

必要硬件条件：S7-300 PLC、S7-200 PLC、PC Adapter 或 CP5611、Profibus 总线连接器及电缆。

需要调用系统功能块 SFC65～SFC69 来实现，适合于 S7-200/300/400 PLC 之间的相互通信。无组态连接通信方式又可分为两种方式：双边编程和单边编程方式。

S7-300 与 S7-200 的 MPI 通信，只能采用单边编程方式，即 S7-200 作为服务器，无需任何编程，S7-300 作为客户机，利用 SFC67（X_GET）读取 S7-200 数据区的数据到 S7-300 的本地数据区，利用 SFC68（X_PUT）将本地数据区数据写入 S7-200 的指定数据区。

S7-300 MPI 地址、S7-200MPI 地址不能冲突，通信速率必须一致。

假设 S7-200 用 PORT0 做 MPI，在 Step7-Micro/Win 的"系统块"中，设定 S7-200 的"端口 0"地址即为 MPI 地址，通信波特率也在此处设置。

S7-200 PLC 中需要将要交换的数据整理到一个连续的 V 存储区当中，S7-300 中需要在 OB1（或是定时中断组织块 OB35）当中调用系统功能 X_GET（SFC67）和 X _ PUT

（SFC68），实现 S7-300 与 S7-200 之间的通信，调用 SFC67 和 SFC68 时 VAR_ADDR 参数填写 S7-200 的数据地址区，这里需填写 P♯DB1.××× BYTE n 对应的就是 S7-200 V 存储区当中 VB×× 到 VB（××＋n）的数据区。

```
CALL   "X_PUT"                              //用 SFC 68 通过 MPI 发送数据
    REQ       :=TRUE                        //激活发送请求
    CONT      :=TRUE                        //发送完成后保持连接
    DEST_ID   :=W♯16♯3                      //接受方 S7-200 的 MPI 地址
    VAR_ADDR:=P♯DB1.DBX0.0 BYTE 76          //S7-200 接受数据存于 VB0～VB75
    SD        :=P♯DB1.DBX0.0 BYTE 76        //本地的数据发送区
    RET_VAL :=MW2                           //返回的故障信息
    BUSY      :=M0.1                        //为 1 发送未完成
CALL   "X_GET"          //用 FSC 67 从 MPI 读取对方的数据到本地 PLC 的数据区
    REQ       :=TRUE                        //激活请求
    CONT      :=TRUE                        //发送完成后保持连接
    DEST_ID   :=W♯16♯3                      //对方的 MPI 地址
    VAR_ADDR:=P♯DB1.DBX76.0 BYTE 76         //要读取的对方的数据区
    RET_VAL :=MW4                           //返回的故障信息
    BUSY      :=M0.2                        //为 1 发送未完成
    RD        :=P♯DB2.DBX0.0 BYTE 76        //要读取的对方的数据区
```

如果上述 SFC 的工作已完成（BUSY＝0），调用 SFC 69 "X_ABORT" 后，通信双方的连接资源被释放。

分别在 STEP7 MicroWin32 和 STEP7 当中监视 S7-200 和 S7-300 PLC 当中的数据，S7-200 从 S7-300 的 DB1 读入，VW0 开始的 76 字节。S7-200 向 S7-300 的 DB2 写入，VW76 开始的 76 字节。

S7-300 与 S7-300 之间采用 MPI 无连接单边通信方式时，配置编程方法与上述相同。

（3）PPI 网络

PPI 多用于 S7-200 可采用多主或主从结构。网络中主站数目越多，会增加网络负载，降低网络性能。

如果存在多主站，各主站地址不应该有间隙。当主站间存在地址间隙时，主站连续检查间隙内的地址，确定是否有其他主站等待进入连接。这个检查需要时间，会增加网络的负担。如果主站之间没有地址间隙，就不需要进行检查，这样网络的负载最小。位于主站之间的从站会造成主站之间的地址间隙，因而也会增加网络的负载。

间隙刷新因子作用是使 S7-200 周期性地检测地址间隔，如果 GUF＝2，CPU 每两次占有令牌时，才会检查一次地址间隔。如果主站之间有间隙，设置高的 GUF 可以降低网络负载。如果主分之间没有间隙，GUF 不影响网络性能。设置过大的 GUF 会造成其他主站无法及时进入连接影响网络性能。设置过小的 GUF 会影响网络性能。

最高站地址限制了最后一个主站（最高地址）必须检查的地址间隙。总的规则是应该在所有的主站上设置相同的最高站地址。这地址应该大于或等于系统中的最高主站地址。

例如一系统有多台 S7-200 CPU 作 PPI 通信，具体有多少台根据实际选择。网络中只有一台作为主站（PPI 网络地址最小的作主站），其余作为从站。主站从每一个从站读取 10 个字节数据，写入 1 个字节数据。如果主站出现故障或掉电，网络中地址最小的从站切换为主站。如果原故障主站恢复，因为它是最小站号，所以它恢复为唯一主站。

PPI 通信功能通常在 STEP7 MICRO/WIN 中利用可视化向导生成，向导能够处理多个 PPI 操作时的时间顺序问题，使用非常方便，在 S7-200 PLC 双方通信的信息量不大时，适合采用 PPI 通信。也可通过系统提供的功能块自编 PPI 读写程序实现 PPI 通信功能。

3.8.3 以太网方式

（1）S7-300/400 之间以太网 S7 通信

西门子 S7 通信是 S7 PLC 基于工业以太网、PROFIBUS 或 MPI 网络的应用层通信协议集，是基于连接的通信，分为单向通信和双向通信。

在双向通信中，通信双方都需要调用功能块，一方调用发送块来发送数据，另一方调用接受块来接收数据。使用 BSEND/BRCV，可以实现快速可靠的双向 S7 通信，传送后需要接收方确认，每次最多可以传输 64KB 的数据。使用 USEND/URCV，可以实现快速的无需确认的双向数据交换。

单向通信只需要为客户机的 CPU 编写通信程序，调用 GET/PUT 功能块来读写作为服务器的 CPU 的数据。

S7-300 集成的通信接口在通信中只能作 S7 通信服务器（基本的 MPI 通信除外），S7-400 集成的 DP 接口和 CP 443-5 在单向 S7 通信中既可以作服务器，也可以作客户机。它们之间还可以进行双向 S7 通信。

以两台带以太网口的 S7-300 为例，如 CPU315-2PN/DP，在 CPU 的 PN-IO 口属性中，设置 IP 地址（如 192.169.0.1）和子网掩码，新建一个新的以太网。

在同一个工程中，对第二个 CPU 同样组态时，IP 不能冲突。分别下载硬件组态到两个 CPU 中。

在网络配置功能 NetPro 中自动生成网络图（MPI、DP、以太网均可编辑）。在站 1 的 CPU1（属性）中插入新的"连接（New Connection）"。

在弹出的对话框中，显示了可与 1 站建立连接的站点，选择 2 号站点，同时选择类型为 "S7-connection"。

点击 OK 后会出现连接属性的对话框，勾选 "establish an active connection" 以（主动）激活新连接，同时需要记住本地 ID 号，此号作为后续的通信模块标识。

选择 One-way 单边功能时，本地 CPU 作 Client，伙伴 CPU 作 Server，Client 访问 Server。可以利用单边功能块（GET，PUT）进行单边访问。

取消 One-way 单边功能，通信变为双向（Two-way），本地 CPU 和伙伴 CPU 既可作 Client 又可作 Server。不但可以利用单边功能块（GET，PUT）进行单边访问，也可利用双边功能块（BSEND/BRCV，USEND/URCV）进行双边访问。

如果 S7-300 站和 S7-400 站在不同的 STEP 7 项目中，需要在 S7-300 和 S7-400 站中分别组态未指明的 S7 连接。

在 "Address Details" 对话框中，指定本地 TSAP 和通信伙伴的 TSAP。在通信伙伴中输入伙伴 CPU 的机架号和槽号。

在 OB35 中调用 FB12、FB13，配合背景块 DB12、DB13 如下。

```
CALL    "BSEND",DB12            //FB12 Sending Segmented Data
```

```
    REQ     :=M100.7         // REQ 是上升沿触发数据发送,可以接入周期触发信号
    R       :=I0.0
    ID      :=W♯16♯1          //ID 号位所建立连接的号码
    R_ID    :=DW♯16♯1         //R_ID 是发送数据包的号,收发双方必须一致
    DONE    :=M6.0
    ERROR   :=M6.1
    STATUS  :=MW8
    SD_1    :=P♯M 0.0 BYTE 4  //SD_1 为发送数据存储区
    LEN     :=MW4             //LEN 为数据长度
  CALL  "BRCV",DB4           //FB13 Receiving Segment Data
    EN_R    :=M50.0
    ID      :=W♯16♯1
    R_ID    :=DW♯16♯1
    NDR     :=M6.0
    ERROR   :=M6.1
    STATUS  :=MW8
    RD_1    :=P♯M 0.0 BYTE 4
    LEN     :=
```

CPU2 负责接收,FB13 中的设置与 FB12 大致相同,两者的 ID 号及 R_ID 号一致即可。

(2) S7-300 与 S7-200 之间的以太网

S7-200 侧利用以太网向导完成,首先在线读出 CP243-1,配置时前面的实际输出地址需要空出。可以建立的连接数量由 CPU 资源而定。双方 TSAP 地址 (如 03.02)、IP 地址、Remote server IP 地址要设置正确。

确定双方的收发数据区,选择是读/写操作及字节数量;S7-200 在这里相当于客户端。

(3) S7-1200 的 S7 通信

可以使用 GET 和 PUT 指令通过 PROFINET 和 PROFIBUS 连接与 S7 CPU 通信。

在 S7 以太网通信中,S7-1200 只能作服务器,不需要对它的 S7 通信组态和编程。S7-300/400 在通信中做客户机,需要用 STEP7 的网络组态工具 Netpro 建立 S7 单向连接,调用 PUT 和 GET 指令来实现通信。

S7-1200/200 之间通信需要配置以太网模块 P243-1,S7-1200 的以太网接口在 S7 通信中只能作服务器,在通信中它是被动的,不需要作任何组态和编程的工作。S7-200 CPU 在通信中作客户机,需要用 S7-200 的以太网向导来组态,并调用组态时生成的指令来实现通信。

仅当在本地 CPU 属性的 "保护"(Protection)属性中为伙伴 CPU 激活了 "允许使用 PUT/GET 通信进行访问"(Permit access with PUT/GET communication)功能后,才可进行此操作。

系统要求:5 个 ABB ACS800 变频器,PROFIBUS 通信卡 ABB Drives RPBA-01。电气柜距离远,要求设备间闭锁关系严格,如果通信中断会造成设备损失,影响生产。

组网说明:其工程组态如图 3-38 及图 3-39 所示,该工程非常典型,315-2DP 为主站,构成单主结构,即有本地 I/O 扩展(通过 IM365),又有远程变频器的 DP 网络。表 3-11 绘出各变频器从站的具体配置情况。

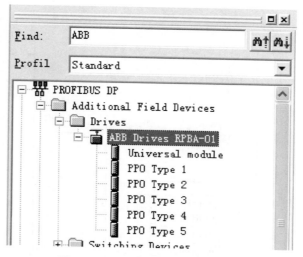

图 3-38　添加 ABB ACS800 变频器

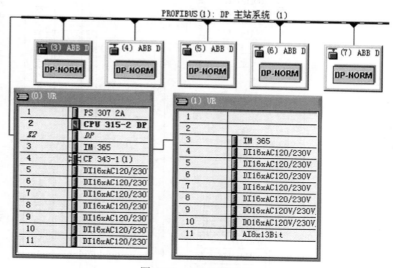

图 3-39　DP 网络组态

表 3-11　DP 从站配置

站号	I 地址	Q 地址	PPO 类型
3	56..67	56..67	PPO Type 4
4	68..79	68..79	PPO Type 4
5	80..91	80..91	PPO Type 4
6	92..103	92..103	PPO Type 4
7	104..115	104..115	PPO Type 4

3.9　故障诊断实例

　　某企业的控制系统及网络规划图如图 3-40 所示。首先创建数据块，用来存放读出的各从站的状态结果。如图 3-41 所示。

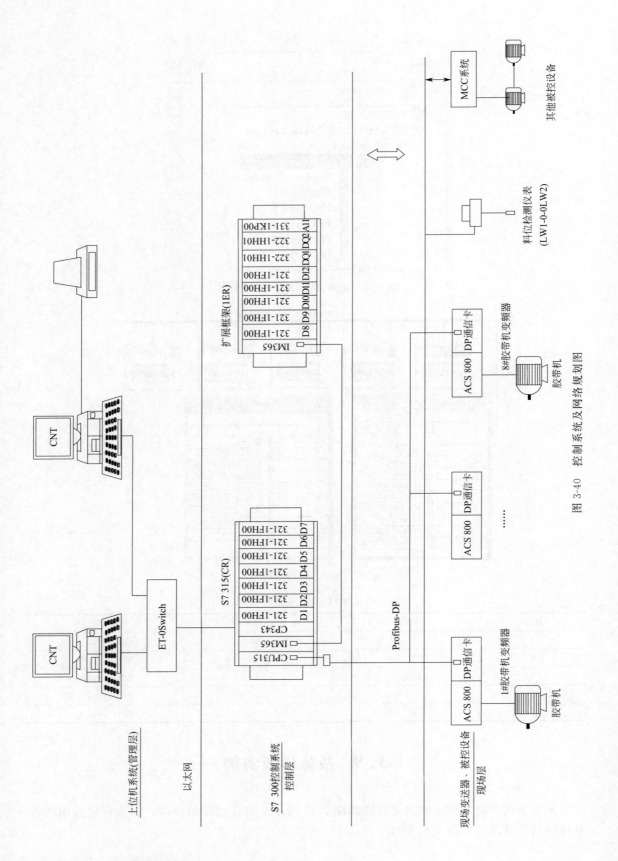

图 3-40　控制系统及网络规划图

Address	Name		Type	Initial value
0.0			STRUCT	
+0.0	SZL_HEADER		STRUCT	
+0.0		LENTHDR	WORD	W#16#22
+2.0		N_DR	WORD	W#16#0
=4.0			END_STRUCT	
+4.0	seriennummer		STRING[32]	' '
=38.0			END_STRUCT	

图 3-41　DB1 的结构

创建 DB1 存放结果。

创建临时变量 retSFC51、busy。

通过系统功能 SFC51 "RDSYSST"（读取系统状态），可以读取系统状态列表或部分系统状态列表。

调用 SFC51 时，通过将值 "1" 赋给输入参数 REQ 来启动读取。如果可以立即读取系统状态，则 SFC 将在 BUSY 输出参数中返回值 0。如果 BUSY 包含值 1，则尚未完成读取功能。

LENTHDR 和 N_DR 的乘积将指示已在 DR 中输入了多少字节。

SSL _ HEADER 参数是一个如下定义的结构：

SSL _ HEADER：STRUCT

LENTHDR：WORD　　//数据记录的字节长度

N_DR：WORD　　　　//数据记录的数目

END_STRUCT

LENTHDR 是 SSL 列表或 SSL 部分列表的数据记录的长度。

· 如果仅读取了 SSL 列表的标题信息，则 N_DR 包含属于它的数据记录数。

· 否则，N_DR 包含传送到目标区域的数据记录数。

SSL ID 为 W#16#xy92 的部分列表的数据记录具有如下结构：

W#16#0292：

位=0:机架/站故障、已取消激活或未组态

位=1:机架/站存在、已激活、尚未发生故障

位 0:中央机架或站 1

位 1:1. 扩展机架或站 2

:

:

位 7:7. 扩展机架或站 8

```
   CALL   "RDSYSST"          //SFC51 Read a System Status List or Partial List
    REQ        :=M200.0    //REQ=1:启动处理
    SZL_ID     :=W#16#292  //将要读取的系统状态列表或部分列表的 SSL-ID。
                           中央组态中的机架的当前状态/DP 主站系统的站的当前状态
```

INDEX ：＝W♯16♯1 //部分列表中对象的类型或编号

RET_VAL ：＝♯retSFC51 //如果执行 SFC 时出错，则 RET_VAL 将包含出错代码

BUSY ：＝♯busy //TRUE:尚未完成读取

SZL_HEADER：＝"whSSL". SZL_HEADER //P♯DB1.DBX0.0 长度

DR ：＝"whSSL". seriennummer //P♯DB1.DBX4.0 SSL 列表读取或
SSL 部分列表读取的目标区域

图 3-42 给出故障处理过程，通过 SFC51 读取从站 SSL 信息到 P♯DB1.DBX4.0，当从站通信中断（DB1.DBX4.4）锁存故障，马上处理。在相应的故障组织块（OB86）中，将故障信息转存至其他区域。该生产系统的 HMI 图如图 3-43 所示。

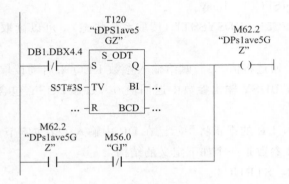

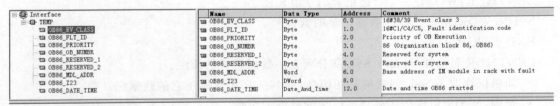

OB86："Loss Of Rack Fault"

Network 1:Title:

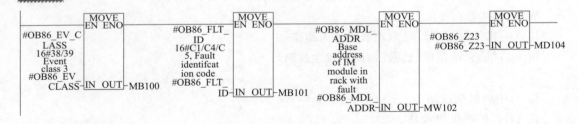

图 3-42 故障码的读取

PROFIBUS-DP 总线诊断功能块 FC125 也可进行分站诊断，使用过程如下。

① 调用 FB 125 或者 FC 125。

② 在 OB 1 内或者在 OB 8* 内使用这些功能块。FB125 功能块在程序 OB1、OB82 、OB86 中直接调用，调用后及输入输出参数描述如下。

在 OB86 中编写的简单程序如下，可以判断出通信故障模块的 DP 站号。

L ♯OB86_EV_CLASS //读取事件的级别和标识

T MB0

    L   #OB86_FLT_DI //读取故障代码

    T   MB1

    L   #OB86_MDL_ADDR//读取故障模块的地址

    T   MW2

③ 如果 DP 从站发生故障时，CPU 作为 DP 主站与作为 DP 从站的 ET200S 之间没有通信连接，所以通信出故障的从站其输入保持不变，但是不可能有输出的，所以输出的状态当然全部为零。

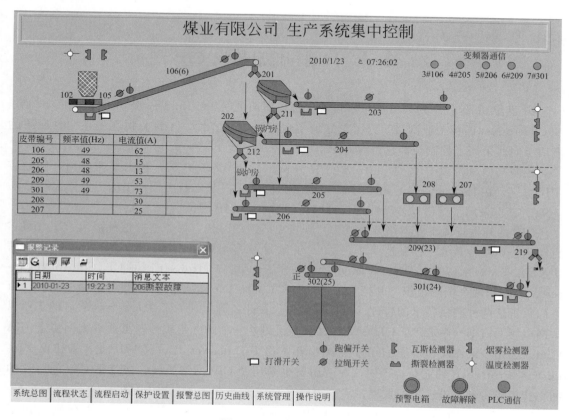

图 3-43　系统 HMI 界面

■■■■■ 思 考 题 ■■■■■

1. 简述 PROFIBUS 的协议结构及 DP 工作原理。

2. 什么是 MS0，MS1，MS2 通信？

3. MS0 通信的工作过程是怎样的？

4. PROFIBUS_DP 的基本功能是什么？DP V1 和 DP V2 有哪些补充？

5. DP 报文有哪些种类？

6. 请介绍 PROFIdrive 行规的应用领域及 PPO 的通信过程。

7. 叙述 S7-300/400 的常见组网方式。

第 **4** 章
CIP 网络

4.1 控制和信息协议 CIP

20 世纪 90 年代中期，罗克韦尔自动化公司所属的 Allen-Bradley 公司开发出 DeviceNet 和 ControlNet 两种工业网络，为了更好地实现网络的兼容性，A-B 公司在上述两种网络的应用层同时采用了控制与信息协议 CIP。

控制与信息协议 CIP（Control and Information Protocol）是一种为工业应用开发的应用层协议，在 DeviceNet、ControlNet 采用了此协议后，由 A-B 公司推出的工业以太网 EtherNet/IP 也采用了该协议，因此这三种网络均被称为 CIP 网络。

CIP 的开发正值工业网络开放成为"现场总线"的时代，为了适应这种潮流，罗克韦尔自动化公司联合其他一些制造商，在 1995 年和 1997 年分别建立了开放式 DeviceNet 供应商协会 ODVA（Open DeviceNet Vendor Association）和 ControlNet 国际 CI（ControlNet International）两个国际组织，并把 DeviceNet 和 ControlNet 的所有权移交给这两个组织，由它们负责这两种网络技术的管理、推广等工作。在此基础上，为了在人们普遍看好的工业以太网市场上占据一席之地，ODVA/CI 又联合了另外一个国际组织——工业以太网协会 IEA（Industrial Ethernet Association）在 2000 年推出了 EtherNet/IP，其中 IP 是工业协议（Industrial Protocol）的缩写，该协议在应用层也采用了 CIP 网络协议，使基于 CIP 的协议的网络和市场得到了进一步的发展。

DeviceNet、ControlNet、EtherNet/IP 在各自的规范（Specifications）中分别给出了 CIP 的定义（以下将技术规范中对 CIP 的定义称为 CIP 规范）。3 部规范对 CIP 的定义大同小异，只是在与网络底层有关的低层部分不一样。不过由于历史原因，3 种 CIP 网络的技术规范的结构差异很大，目前，ODVA/CI 正在致力于用相同的结构。

4.1.1 CIP 网络模型

3 种网络虽采用同一个应用层协议，但却具有各自的显著特点。

DeviceNet 是一种基于 CAN 的网络，除了其物理层的传输介质、收发器是重新定义以外，其他部分和数据链路层都采用 CAN 总线协议。ControlNet 物理层采用同轴电缆，数据链路层采用同时间域多路访问（CTDMA，Concurrent Time Domain Media Access）协议。

EtherNet/IP 是一种基于以太网技术和 TCP/IP 技术的工业以太网，其物理层和数据链路层采用以太网协议，网络层和传输层采用 TCP/IP 协议族，应用层除使用 CIP 之外，也可以使用基于 TCP/IP 的 HTTP 协议。具有高性能、易使用、易于和企业内部网甚至因特网进行信息集成等特点。

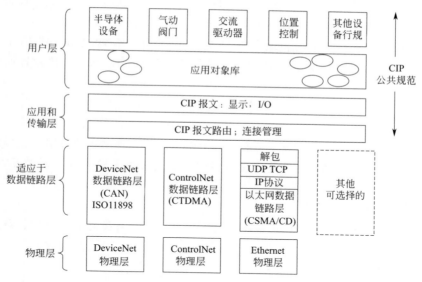

图 4-1　CIP 的结构模型

图 4-1 为 CIP 的结构模型，从图中也可以看出，这三种网络底层采用的协议是不同的，因此每种 CIP 网络又有各自的特点，对比如表 4-1 所示。

表 4-1　三种 CIP 网络的比较

CIP 网络名称	DeviceNet	ControlNet	EtherNet/IP
传输介质	电缆	同轴电缆/光纤	同轴电缆/光纤/非屏蔽双绞线
波特率/(Mbit/s)	0.125/0.25/0.5	5	10/100
最大节点数	64	99	很多
最大网段距离/km	0.5(125kbit/s 时)	5(同轴电缆)30(光纤)	与传输介质和波特率有关
MAC 数据包长度/B	0~8	0~510	0~1500
是否网络供电	是	否	否
是否支持本质安全	否	是	否
是否支持介质冗余	否	是	是
节点成本	低	高	高

在工程应用中，由于系统各部分对网络通信功能的需求是不一样的，设计者应根据实际情况决定采用哪种控制网络。为此，罗克韦尔自动化、西门子等主要自动化设备制造商都推出了 3 层的自动化系统网络解决方案，从上到下分别为信息层网络、控制层网络和设备层网络。根据上述 3 种网络的不同特点，它们的应用场合也有显著不同。

通常情况下，信息层网络负责提供高带宽、低确定性的通信服务，一般采用商用以太网，用于连接车间、控制室、管理部门的计算机，实现自动化系统（PAC）和管理信息系统（MIS）的集成。

控制层网络主要负责提供中等带宽、高确定性的通信服务，用于连接控制器、工业控制计算机等。

设备层网络负责提供低带宽、低成本、高确定性的通信服务，用于底层设备（如光电传感器、变频器等）和控制器之间的连接。

针对以上特点，罗克韦尔公司通常将 DeviceNet 用作设备层网络，将 ControlNet 用作控制层网络，而 EtherNetIP 兼备了商用以太网的功能和 ControlNet 的确定性通信功能，也可用作控制层网络。

4.1.2 CIP 的特点

CIP 网络功能强大，灵活性强，可通过一个网络传输多种类型的数据，完成以前需要两个网络才能完成的任务。其灵活性体现在对多种通信模式和多种 I/O 数据触发方式的支持。CIP 具有以下特性。

(1) 显式报文和隐式报文

CIP 协议最重要的特点是可以传输多种类型的数据。具有良好的实时性、确定性、可重复性和可靠性。

实时性：数据传输所花的时间少。

确定性：数据传输所花费的时间可预测性强。

可重复性：增加或减少网络节点，对数据传输所花费的时间影响较小。

可靠性：数据传输的正确率高。

CIP 良好的性能依靠报文的分类处理完成，CIP 根据所传输的数据对传输服务质量要求的不同，把报文分成两种：显式报文和隐式报文。

显式报文：用于传输对时间没有苛求的数据，这种报文包含解读该报文所需要的信息。例如程序的上载下载、系统维护、故障诊断、设备配置等。显式报文只能以点对点的方式传输。

隐式报文：用于传输对时间有苛求的数据，这种报文不包含解读该报文所需要的信息，其含义是在网络配置时就确定好了的。例如 I/O 报文、实时互锁报文等。隐式报文可以以多播的方式传输。

3 种网络中的具体实现如下。

DeviceNet：隐式报文使用优先级高的报头，显式报文使用优先级低的报头。

ControlNet：隐式，在预定时间段；显式，在非预定时间段。

EtherNet/IP：隐式采用 UDP；显式采用 TCP。

(2) 面向连接

CIP 是一个面向连接的协议，也就是在通信开始之前必须建立起连接，获取唯一的标识符 CID（Connection ID）。CID 的定义及格式与具体网络有关。

建立连接需要用到未连接报文（包含目的地址、内部数据描述、源地址）。未连接报文由未连接报文管理器（UCMM）处理。

根据报文的种类不同，CIP 连接也分为显式连接和隐式连接（报文分显式、隐式，连接也分显式、隐式）。

显式连接：若节点 A 与 B 建立显示连接，则它先以广播的方式发送一个显式连接的连接报文，网络上所有的节点都接受到该请求，并判断是否是发给自己的，当 B 检测到是发给自己的后，其 UCMM 就会以广播的方式发送一个包含 CID 的未连接报文，A 收到后得到

CID，显式连接就建立了。

隐式连接：它是在网络配置时建立的，建立过程较复杂，其中需要用到多种显式报文传输服务。

连接从上往下分几个层次：应用连接、传输连接、网络连接。

（3）生产者/消费者模型（多播通信方式）

CIP 通信的另外一个重要特点是，其隐式报文传输基于生产者/消费者模型。这意味着 CIP 支持多播通信，即网络上的一个节点可以同时给几个其他节点发送信息，因此可以提高通信效率。

根据通信的模型不同，工业网络可以分为两类：基于源/目的地模型的网络和基于生产者/消费者模型的网络。

① 在基于源/目的地模型的网络中，每个报文都要指明源和目的地。发送节点把报文发送到网络中，接收节点根据网络上报文的目的地址段是否与自己的地址相同来判断是否是发给自己的。该模型的网络只支持点对点通信。报文格式如下：

源地址	目的地址	数据	校验和

该方式多节点同步功能实现困难，相同信息可能多次重发，占用通信带宽。

② 基于生产者/消费者模型的网络：在基于生产者/消费者模型的网络中，每个报文都有唯一的报文标识符（CID），格式如下：

CID	数据	校验和

在发送报文之前，要在发送节点和接收节点之间建立连接，这样接收节点就知道应该接收的报文的 CID 是哪样的，然后发送节点把报文发送到网络上，接收节点根据报文的 CID 来判断是否是发给自己的。该模型的网络既支持点对点通信，也支持多播通信。一个生产者发布信息，多个消费者利用，具备同步功能。提供多个优先级后，适用于实时 I/O 的数据交换。

（4）数据触发方式的多样性

以 DeviceNet 为例，DeviceNet 支持多种 I/O 数据触发方式，包括位选通（Bit Strobe），轮询（Poll），状态改变（Change of State——COS）和循环（Cyclic）等。ControlNet 支持后 3 种。

CIP 的 I/O 数据的刷新从最初的 I/O 扫描模式发展到 COS 模式，是数据及时传递和网络高效利用的典范。

① 位选通：在位选通方式下，利用 8B 广播报文，64 个二进制位的值对应着网络上 64 个可能的节点，通过位的标识，指定要求响应的从设备。主站通过位选通命令向已在主站扫描表中具有 MAC ID 的每个从站发送一位输出数据，表示是否需要它发送数据，选中的从站向主站返回最大 8B 输入数据和/或状态信息。位选通命令报文包含一个 8B 即 64bit 数据串，一个输出位对应一个网络上的 MAC ID（0～63）（选中从节点发送位选通响应报文）。适用于少量 I/O 数据的传输。

当多个从站的信息同时向 CAN 网络上发送时，根据位仲裁机制，标识符值最小的报文最先发送到网络上，所以 MAC ID 值最小的节点的相应信息最先由主站接收到，也就是说，主站是一条一条接收到各个从站节点的响应报文的。不必关心丢失响应信息的可能，这种可能是存在的，但是根据 DeviceNet 协议，响应信息有重发机制。

② 轮询：位选通命令和响应报文在主站和从站之间只能传送少量 I/O 数据，而轮询命令和响应报文则可在主站和它的轮询从站之间传送任意数量的数据。在轮询方式下，I/O 报文直接依次发送到各个从站（点对点）。轮询命令是从主站发往从站的命令和输出数据。响应是从站接到主站的轮询命令后的回答。

轮询响应可由从站向主站返回任意数量（分段或不分段）的输入数据和/或状态报文。

轮询方式专为源/目的数据通信模式而设计。

③ 循环：适用于一些模拟设备，可以根据设备信号发生的快慢，灵活设定循环进行数据通信的时间间隔，这样就可以大大降低对网络带宽的要求。

循环可降低不必要的通信流和包处理。它只保证在模拟量输入发生变化的可能时间内进行检测，而不是不断地快速采样。

④ 状态改变：此方式用于离散的设备，使用事件触发方式，当设备状态发生改变时，才发生通信，而不是由主设备不断地查询来完成。

优点：效率高。缺点：长时间不发送数据，接收节点无法判断状态。可采用状态改变和循环相结合的方式解决。状态改变和循环方式的 I/O 数据通信应答可有可无，位选通和轮询方式需有应答。

采用状态改变方式，设备仅在其检测的状态发生变化时才发送数据。为了保证它的数据接收对象知道它目前所处的工作状态，DeviceNet 提供了一种可调整的后台运行的节拍方式。

设备在状态改变和节拍周期到时就发送数据，节拍的作用只是设备汇报它还在工作，没有被切除离网络。

后两种方式，是利用主站或从站的状态改变或循环产生触发器，来触发数据的传递。它有主站的状态改变和从站的状态改变的区分。状态改变/循环报文可以是有应答或无应答的。

预定义主/从连接组可支持主/从站之间的状态改变或循环数据产生。状态改变和周期性轮询的默认设置都是应答交换式的，保证发送设备确定接收设备得到数据。

多种可选的数据交换形式，均可由用户自由指定，允许多种形式混合在同一网络中。通过选择合理的数据通信方式，可以明显地提高网络利用效率。

4.1.3　CIP 对象模型

CIP 是一个在高层面上的严格面向对象的协议。与对象有关的基本概念如下。

对象，是人在其大脑中为客观世界中的某个东西建立的模型，而类是对一组对象的抽象，是这一组对象的模板，因而一个对象就是类的一个实例。

所谓"对象"就是一个或一组数据以及处理这些数据的方法和过程的集合。它有属性、标识、状态、行为、方法、接口，并且通常对外提供一些服务。

属性：数据，用来描述对象所描述的东西的某种性质。

标识：区别一个对象和其他所有对象的属性。

状态：属性所取的值。

行为：对象如何动作和响应。

方法：函数（实现行为的一段程序）。

接口：能被外部访问的方法和属性的集合。

服务：具备的功能。

类：对一组相似的对象的抽象。类是对象的模板，对象是类的实例。

面向对象的编程方法有安全性高、代码可复用等优点。

安全性：由封装保证。

代码复用途径两种：继承和构成。

继承：子类继承父类的属性和方法。

构成：一个类由其他几个类构成。

多态性：对同样的请求作出不同的反应，实现对接口的复用。

更为详细的介绍，可参看面向对象编程方面的图书，这里不再赘述。

为了设备开发的方便，CIP 用对象模型来描述，如图 4-2 所示。对象模型中所用到的每个类都在类库中给出了详细的定义。

类标志符（Class ID）：分配给从网络上可访问的每个对象类的一个整数标志值。

实例标识符（Instance ID）：分配给每个对象实例的一个整数标识值，它可以区分同一类中的所有实例。此整数值在其所在的"MAC ID：class"内是唯一的。

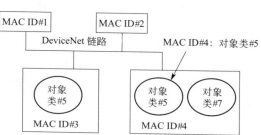

图 4-2 CIP 网络中的对象

CIP 的功能主要有两个：一是通信的方式；二是给出了工业应用对象的标准定义。

图 4-3 中灰色的对象是必需的，白色的是可选的。

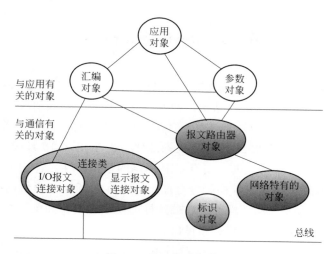

图 4-3 CIP 的对象模型

标识对象：给出设备的 ID 以及其他一般信息。

报文路由器对象：用于传递显式报文。

网络特有的对象：提供网络底层的配置和状态。

汇编对象：用于把若干个对象的属性组合在一起，从而可以通过一个连接来传输若干个对象的数据。

应用对象：与设备具体功能有关的对象。

参数对象：给出设备的所有参数。

寻址是实现通信的前提，CIP 寻址分为四级：设备、类、对象、（实例）属性或服务。类 ID 数据长度为 16 位，属性 ID 和服务编码数据长度为 8 位。地址分为三类：公开的、供货商指定的和对象指定的。

由于 CIP 的报文分为显式报文和隐式报文，所以根据通信时发送的报文类型的不同通信也分成两种，即显式通信和隐式通信。

CIP 显式通信用于传输对时间没有苛求的数据，它是基于源/目的地模型的，只能用于两个节点之间的通信，客户发出请求，服务器做出响应。显式通信可以访问任何对象的任何可从外部访问的数据。

显式通信与隐式通信的差别：显式通信发送、接收报文均须报文路由器中转。若 CIP 网络由几个子网构成，需进行桥接和路由选择。

4.1.4　CIP 设备描述

设备描述是指对某一类型设备的重要性的描述。CIP 提供设备描述的目的是为了使不同设备供应商提供的设备能够相互操作，即在同一个网络中运行，且同一类型的设备能够互换。

CIP 设备描述要给出三方面的描述：

① 给出设备的对象模型的定义；

② 给出设备的 I/O 数据的格式；

③ 给出设备配置的定义。

4.2　DeviceNet 概述

DeviceNet 是由美国罗克韦尔自动化公司首先推出，目前有包括罗克韦尔自动化公司在内的 300 多家自动化设备制造商的产品支持的低层设备现场总路线协议，在欧美和日本的现场总线市场占有很大的份额。2000 年 6 月，DeviceNet 成为有关低压开关设备与控制设备、控制器与电气设备接口的 IEC62026 现场总线标准之一，2002 年 10 月成为我国标准。

DeviceNet 属于 CIP 网络的范畴，具有 CIP 网络的很多共性。它是 20 世纪 90 年代中期发展起来的一种基于 CAN 总线技术的符合全球工业标准的开放型通信网络。它既可连接低端工业设备，又可连接像变频器、操作员终端这样的复杂设备。如图 4-4 所示，它通过一根电缆将诸如可编程序控制器、传感器、测量仪表、光电开关、操作员终端、电动机、变频器和软启动等现场智能设备连接起来。这种网络虽然是工业控制网的低端网络，通信速率不高，传输的数据量也不太大，但它采用了先进的通信概念和技术，具有低成本、高效率、高性能、高可靠性等优点。

DeviceNet 是一种简单的网络解决方案，在提供供应商同类部件间的可互换性的同时，减少了工业自动化设备的配线安装成本和时间。DeviceNet 的这种设备直接互连性改善了设备间的通信，并同时提供了相当重要的设备级诊断功能，这是通过硬接线 I/O 接口很难实现的。DeviceNet 的主要技术特点可以概括如下：

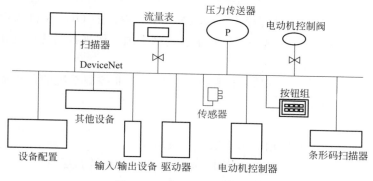

图 4-4　DeviceNet 控制网络

① 同一网段上最多可以容纳 64 个节点，每个节点支持的 I/O 数量没有限制。

② 可采用主干-分支结构。

③ 三种可选数据传输速率：125kbit/s、250kbit/s 和 500kbit/s。

④ 采用生产者/消费者（Producer/Consumer）模型，支持对等（点对点）、多主和主/从通信方式。

⑤ 采用非破坏性逐位仲裁的载波侦听多址访问（Carrier Sense Multiple Access With Nondestructive Bit-Wise Arbitration-CSMA/NBA）的 CAN 总线技术。

⑥ 支持位选通（Bit-Strobe）、轮询（Poll）、状态改变（Change of State）和循环（Cyclic）等多种通信方式。

⑦ 采用 CAN 的物理层和数据链路层协议，CAN 控制器芯片，得到国际上主要芯片制造商的支持。

⑧ 采用短帧结构，传输时间短，受干扰的概率低，具有极好的检错效果。每帧信息都有 CRC 校验及其他检错措施，保证了极低的数据出错率。具有通信错误分级检测机制及通信故障的自动差别和恢复功能。

⑨ 通信介质为独立双绞线，总线信号与电源承载于同一电缆。电源采用 24V 直流电源。

⑩ 支持设备的热拔插，可带电更换网络节点，在线修改网络配置。

⑪ 接入 DeviceNet 的设备可选择光隔离设计，由外部供电的设备与由总线供电的设备共享总线电缆。

⑫ 总线电源结构和容量可调，每个电源的最大容量为 16A。

DeviceNet 规范为属于同一类型、但由不同制造商生产的设备定义了标准的设备模型。符合同一模型的设备遵循相同的身份标识和通信模式。这些与不同类设备相关的数据包含在设备描述中。设备描述定义了对象模型、I/O 数据格式、可配置参数和公共接口。

DeviceNet 规范还允许制造商提供电子数据文档（EDS），以文件的形式记录设备的一些具体操作参数等信息，便于在配置设备时使用。这样，来自第三方的 DeviceNet 产品可以方便地连接到 DeviceNet 上。

随着 DeviceNet 在各种领域的应用和推广，对其标准化也提出了更高的要求。DeviceNet 总线的组织机构是"开放式 DeviceNet 供货商协会"（ODVA）。ODVA 是一个相对独立的组织，制定并管理着 DeviceNet 规范（DeviceNet Specification），促进 DeviceNet 在全球的推广应用。

DeviceNet 规范作为真正开放的网络标准，由 ODVA 不断地对其进行补充修订，促使更多的现场设备能够作为标准设备接入 DeviceNet 中。中国的 ODVA 机构设在上海电器科学研究所。目的是把 DeviceNet 这一先进技术引进到中国，促进我国的自动化和现场总线技术的发展。

DeviceNet 规范定义了一个网络通信标准，以便在工业控制系统的各组成元件间传送数据。规范分为两卷，内容如下。

卷 1：
- DeviceNet 通信协议和应用（第 7 层——应用层）；
- CAN 以及它在 DeviceNet 中的应用（第 2 层——数据链路层）；
- DeviceNet 物理层和介质（第 1 层——物理层）。

卷 2：
为实现同类产品之间的互操作性和可互换性进行的设备描述。

4.3　DeviceNet 的物理层和传输介质

DeviceNet 的物理层包括两部分：物理信号和媒体访问单元。媒体访问单元主要包括驱动器/接受器的电路和其他用于连接点到传输介质的电路，这部分在 ISO/OSI 参考模型中被称之为物理媒体访问（Physical Medium Attachment——PMA）。而传输介质主要定义了传输介质的电气及机械接口，这部分规定在 ISO/OSI 参考模型中被称之为介质从属接口（Medium Dependent Interface——MDI）。

（1）媒体访问单元
物理层的媒体访问单元包括收发器、连接器、误接线保护电路、调压器和可选的光隔离器。图 4-5 为物理层媒体访问单元各部分的框图。首先讨论收发器、误接线保护（Mis-wiring Protection——MWP）回路和光隔离器。

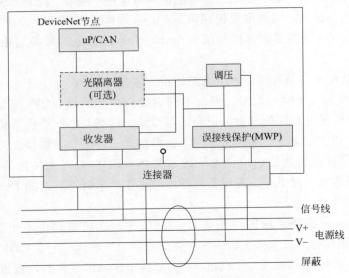

图 4-5　DeviceNet 物理层模块图

① 收发器 收发器是在网络上传送和接收 CAN 信号的物理组件。收发器从网络上差分接收网上信号供给 CAN 控制器，并用 CAN 控制器传来的信号差分驱动网络。市场上有许多集成 CAN 收发器。在选择收发器时，需保证所选择的收发器符合 DeviceNet 规范（不是每个符合 CAN 的，都适用于 DeviceNet）。为了和供电系统设计匹配，收发器必须至少支持 5V 共模工作电压，这意味着其对地电位差为±5V。未供电的收发器的输入阻抗可能比供电收发器低，这就造成不必要的网络负载和信号衰减。供电或未供电的物理层应满足表 4-2 规定的差分输入电阻。表 4-2 为 DeviceNet 物理层特性。

表 4-2 DeviceNet 物理层特性

通用属性	规　范
传输速率	125kbit/s,250kbit/s,500kbit/s
通信	基带
编码	位填充 NRZ
介质耦合	DC 差分耦合 TX/RX
隔离	500V 可选在收发器节点侧的光隔离器
差分输入阻抗典型值（隐性状态）	分流电容 $C=10\text{pF}$ 分流电阻 $R=25\text{k}\Omega$（电源开）
差分输入阻抗最小值（隐性状态）	分流电容 $C=24\text{pF}$ 加上 40pF/m 分流电阻 $R=20\Omega$
绝对最大电压范围/V	$-25\sim18(\text{CAN\_H}-\text{CAN\_L})$

② 误接线保护（MWP） DeviceNet 要求节点能承受连接线上 5 根线的各种连接错误。这种情况下，可承受表 4-2 中规定的电压范围，包括 V＋电压高达 18V 时，不会造成永久性的损坏。许多集成 CAN 收发器对 CAN_H 和 CAN_L 最大负向电压只有有限的承受能力。使用这些器件时，需要提供有外部保护电路。图 4-6 为误接线保护的电路原理图，在接地线中加入了一个肖特基二极管来防止 V＋信号线误接到 V－端子。在电源线上接入了一个晶体管开关，以防止由于 V－连接断开而造成的损害。该晶体管及电阻回路可防止接地断开。

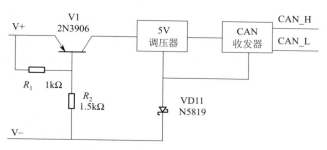

图 4-6 误接线保护电路原理图

③ 接地与隔离 为防止地线形成回路，DeviceNet 网络必须只在一处接地。所有设备中的物理层回路是以 V－总线信号为基准的，总线供电将提供接地连接。除了电源，在 V－和地之间不会有电流通过设备。

（2）传输介质

DeviceNet 物理层协议规范中对传输介质作了描述，定义了 DeviceNet 的总线拓扑结构及网络元件，具体包括系统接地、粗缆和细缆混合结构、网络端接地和电源分配。DeviceNet 传输介质有两种主要的电缆：粗缆和细缆。粗缆适合长距离干线和需要坚固干线或支线的情况，细缆可提供方便的干线和支线的布线。

① 拓扑结构　DeviceNet 所采用的典型拓扑结构是干线-分支方式，如图 4-7 所示。每条干线的末端都需要终端电阻。每条支线最长为 6m，允许连接一个或多个节点。

DeviceNet 只允许在支线上有分支结构。总线电缆中包括 24V 直流电源和信号线两组双绞线以及信号屏蔽线。在设备连接方式上，可灵活选用开放式和密封式的连接器。网络采取分布式供电方式，支持冗余结构。总线支持有源和无源设备，对于有源设备提供专门设计的带有光隔离的收发器。

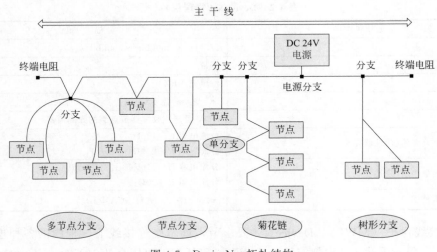

图 4-7　DeviceNet 拓扑结构

网络干线的长度由数据传输速率和所使用的电缆类型决定。电缆系统中任何两点间的电缆距离不允许超过波特率允许的最大电缆距离。对只有一种电缆构成的干线，两点间的电缆距离为两点间的干线和支线电缆的长度和。DeviceNet 允许在干线系统中混合使用不同类型的电缆。支线长度是指从干线端子到支线上节点的各个收发器之间的最大距离，此距离包括可能永久连接在设备上的支线电缆。网络上允许支线的总长度取决于数据传输速率。

② 终端电阻　DeviceNet 要求在每条干线的末端安装终端电阻。电阻的要求为：121Ω、1% 金属膜电阻、0.25W，终端电阻不可包含在节点中。将终端电阻包含在节点中很容易使网络由于错误布线（阻抗太高或太低）而导致网络故障。终端电阻只应安装在干线两端，不可安装在支线末端。

③ 连接器　所有连接器支持 5 针类，即一对信号线、一对电源线和一根屏蔽线。所有通过连接器连到 DeviceNet 的节点都有插头，此规定适用于密封式和非密封式连接器及所有消耗或提供电源的节点。无论选择什么样的连接器，应保证设备可在不切断和干扰网络的情况下脱离网络。不允许在网络工作时布线，以避免诸如网络电源短接、通信中断等问题的发生。

④ 设备分接头　设备端子提供连接到干线的连接点。设备可直接通过端子或通过支线连接到网络，端子可使设备无需切断网络电源运行就可脱离网络。

⑤ 电源分接头　通过电源分接头将电源连接到干线。电源分接头不同于设备分接头，其包含下列部件：一个连在电源 V＋上的肖特基二极管，允许连接多个电源；两根熔丝或断路器，以防止总线过电流而损坏电缆和连接器。连接到网络后，电源分接头的特性为提供信号线、屏蔽线和 V－线的不间断连接；在分接头的各个方向提供限流保护；提供到屏蔽/屏

蔽线的网络接地。

电源分接头可加在网络的任何一点，可以实现多电源的冗余供电。干线的额定电流为8A。光隔离设计允许外部供电的设备（如：交流电动机启动器和阀门线圈）分享同一总线电缆，而其他基于 CAN 的网络只允许整个网络由一个电源供电。

⑥ 网络接地　DeviceNet 应在一点接地。多处接地会造成接地回路，网络不接地将增加对静电放电（ESD）和外部噪声源的敏感度。单个接地点应位于电源分接头处，密封 DeviceNet 电源分接头的设计应有接地装置，接地点也应靠近网络的物理中心。干线的屏蔽线应通过铜导体连接到电源地或 V－。铜导体可为实心体、绳状或编织线。如果网络已经接地，则不要再把电源地或分接头的接地端接地。如果网络有多个电源，则只需在一个电源处把屏蔽线接地，接地点应尽可能靠近网络的物理中心。

（3）物理层信号

DeviceNet 的物理层信号采用 CAN 的物理层信号。CAN 规范定义了两种互补的逻辑电平："显性"（Dominant）和"隐性"（Recessive）。同时传送"显性"和"隐性"位时，总线结果值为"显性"。例如，在 DeviceNet 总线接线情况下："显性"电平用逻辑"0"表示，"隐性"电平用逻辑"1"表示。代表逻辑电平的物理状态（例如电压）在 CAN 中没有规定。

这些电平的规定包含在 ISO11898 标准中。例如，对于一个脱离总线的节点，典型 CAN_H 的"隐性"（高阻抗）电平为 2.5V（电位差为 0V）。典型 CAN_L 和 CAN_H 的"显性"（低阻抗）电平分别为 1.5V 和 3.5V（电位差为 2V），如图 4-8 所示。

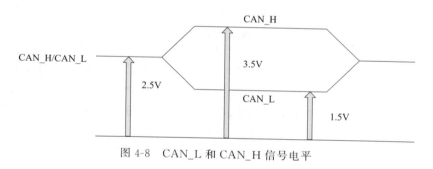

图 4-8　CAN_L 和 CAN_H 信号电平

4.4　DeviceNet 的数据链路层

DeviceNet 遵从 ISO/OSI 参考模型，它的网络结构分为三层，即物理层、数据链路层和应用层，物理层下面还定义了传输的介质，如图 4-9 所示。按照 IEEE802.2 和 802.3 标准，数据链路层又划分为逻辑链路层（LLC）和媒体访问控制（MAC）。物理层又划分为物理层信号（Physical Layer Signal——PLS）和媒体访问单元（Medium Attachment Unit——MAU）。

DeviceNet 建立在 CAN 协议的基础之上，但 CAN 仅规定了 ISO/OSI 参考模型中物理层和数据链路层的一部分，DeviceNet 沿用了 CAN 协议标准所规定的总线网络的物理层和数据链路层，并补充定义了不同的报文格式、总线访问仲裁规则及故障检测和隔离的方法。对电气特性有所限制，有所改进。

DeviceNet 应用层规范则定义了传输数据的语法和语义，可以简单地说，CAN 定义了数据传送方式，而 DeviceNet 的应用层又补充了传送数据的意义。从图 4-9 可看到，DeviceNet 的物理层中物理层信号和数据链接层中的媒体访问控制子层沿用了 CAN 协议。DeviceNet 的物理层中的媒体访问单元是自己定义的，同时，DeviceNet 增加了有关传输介质的协议规范。

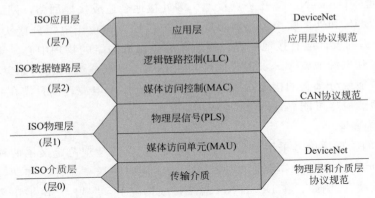

图 4-9 DeviceNet 的 ISO/OSI 参考模型

DeviceNet 通信连接是建立在面向广播的通信协议——控制器局部网（CAN）之上的。CAN 协议最初是由 BOSCH 公司为欧洲汽车市场开发的，原想用低成本的网络电缆取代汽车上昂贵的硬接线。因此，CAN 协议具有快速响应和高可靠性性能，能满足防抱死制动装置和安全气囊控制要求。CAN 芯片有各种封装形式，其高温度等级、高抗扰性非常适合工业自动化市场。目前，它已广泛应用于汽车领域及其他工控领域。

DeviceNet 的数据链路层完全遵循 CAN 协议，并由 CAN 控制器芯片实现。用户和商业化要求是降低 CAN 芯片价格和提高 CAN 芯片性能最重要的驱动力量。4 家 CAN 芯片的供货商（英特尔、摩托罗拉、飞利浦、西门子）早在 1996 年，就发送了超过 1000 万片 CAN 芯片。而其他的工业自动化网络使用的定制芯片，年订货量为 2 万～20 万片，DeviceNet 产品使用的 CAN 芯片与其他应用中使用的相同。这样大大降低了 DeviceNet 产品的芯片使用成本，为 DeviceNet 的广泛应用打下了牢固的基础。

DeviceNet 的数据链路层分为媒体访问控制（MAC）子层和逻辑链路控制（LLC）子层。

MAC 子层的功能主要是传送规则，亦即发送/接受帧（流量、超载）；控制帧结构（编码、填充/去除填充）；封装（成帧）/拆帧；执行仲裁、错误检测、出错标定和故障界定。

LLC 子层的主要功能是为数据传送和远程数据请求提供服务，确认由 LLC 子层接受的报文实际已被接受，并为恢复管理和通知超载提供信息。进一步屏蔽/筛选，判断是否接受；判断超载；仲裁失效的或损坏的报文的重发等。

CAN 在 MAC 子层定义了四种帧格式，分别是数据帧、远程帧、超载帧和出错帧。在 DeviceNet 上传输数据采用的是数据帧格式；远程帧格式在 DeviceNet 中没有使用；超载帧是用来进行数据流的控制，在 DeviceNet 中没有使用，但也没有禁用；出错帧则用于错误和意外情况的处理。本节只介绍 DeviceNet 使用的数据帧和出错帧。

4.4.1 数据帧的格式

如图 4-10 所示，DeviceNet 的数据帧包括如下几部分。

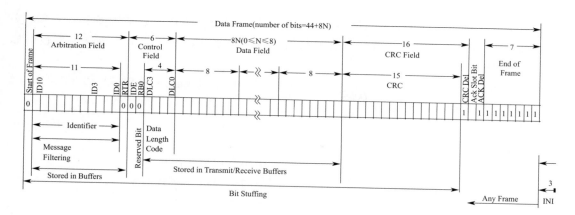

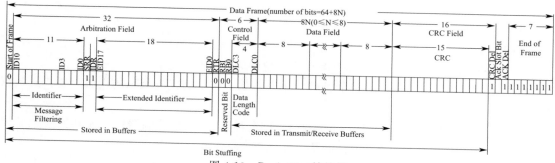

图 4-10　DeviceNet 帧结构

帧起始位，标志数据帧的开始，它由 1 个"显性"位构成。所有节点必须同步于首先开始发送报文站的帧起始上升沿，否则硬件无法仲裁，总线空闲时发。

仲裁场包括 11bit 标识符和 RTR 位。其中 11bit 标识符和 LLC 子层的标识符含义相同，用于总线仲裁，决定网络上节点的优先权；RTR 远程发送请求位"0"：数据帧，"1"：远程帧（请求），先答完了再问下一个问题。由于 DeviceNet 没有使用远程帧，所以这位总是"显性"。

控制场包括两个固定位（保留）和一个 4bit 的长度区。长度区可以是 0～8 中的任何一个数字，表示数据区中的字节数。0～8B 的数据长度对于具有少量但必须频繁交换 I/O 数据的低端设备来说很理想，同时 8B 使简单设备可以灵活地发送诊断数据，或向驱动器发送速度基准和加速度值等。

数据场指存放的数据区。DeviceNet 每帧最大能传送 8B 数据，如果需要传送的数据超过 8B，可以使用分段传送协议，分成多个帧传送。在使用分段传送协议时，每个帧有 1B 用于分段协议，表示这个帧是第一分段（0）、中间分段（1）、最后分段（2）、分段应答（3）。用 6bit 表示分段计数器，指示这是第几个分段，通过分段协议可以保证数据的分段和正确重组。

显式报文连接检查要发送的每个报文的长度，如果报文长度大于 8B，那么就使用分段协议。如果传输的是显式报文的一个分段，那么该数据区含报文头、分段协议以及报文体分段。分段协议用于大段显式报文的分段转发及重组。显式报文分段协议位于数据区的一个单字节中，其格式如图 4-10 所示。

其中，分段类型表明是首段、中间段的还是最后段的发送。分段计数器标志每一个单独的分段，这样接收器就能够确定是否有分段被遗失。如果分段类型是第一个分段，每经过一个相邻连续分段，分段计数器加 1；当计数器值达到 64 时，又从 0 开始。

DeviceNet 每个数据包最多只能传送 8 个字节，如果请求传送的数据块多于 8 字节，必须分包传送。分包传送的每个数据包有效数据只有 7 个字节，开头的字节将作为分包的标识。以下为例：

要传送的数据包为：01 02 03 04 05 06 07 08 09 11 22 33 44 55 08 09 11 22 33 44 55 66 77 88 99，分包后的数据包为：

数据包	说明
00 01 02 03 04 05 06 07	首个数据包，序号为 0
41 08 09 11 22 33 44 55	中间数据包，序号为 1
42 08 09 11 22 33 44 55	中间数据包，序号为 2
83 66 77 88 99	末尾数据包，序号为 3

说明：

首个数据包标识　　00

中间数据包标识　　40~7F，其中字节低 6 位作为数据包序号。

末尾数据包标识　　80~FF，其中字节低 6 位作为数据包序号。

数据分包传送的过程中，有可能被暂时中断，如果有更高优先级别的设备需要传送数据的话。

循环冗余校验场包括 CRC 序列，后随 CRC 定界符。CAN 控制器用于循环冗余校验来检测帧错误。CRC 序列后随的 CRC 定界符由单个"隐性"位构成。

ACK 场的两位，即 ACK 位和 ACK（定界）符。发送节点的 ACK 场中，送出两个"隐性"位。在 ACK 位内，所有接收到匹配 CRC 序列的节点，以"显性"位改写发送器的"隐性"位送出一个应答。应答中的显性位表明除了发送者以外，至少有一个接收器接收到报文。ACK 定界符为 ACK 场的第二位，其必须是"隐性"位。因此，ACK 位被两个"隐性"位（ACK 定界符和 CRC 定界符）所包围。

帧结束由 7 个"隐性"位构成的标志序列定界。

DeviceNet 数据最大为 8B，允许 0B，也就是不包含任何数据。每帧长度范围为 47~111bit，用时约为 $94\mu s(500\text{kbit/s})\sim888\mu s(125\text{kbit/s})$。DeviceNet 使用 CAN 的包括 CRC 和自动重试在内的多种错误检测和故障限制方法，这些对应用来说高度透明的方法，可以防止故障节点破坏（中断）网络。

4.4.2　总线仲裁机制

网络上各个节点要通信时，哪个节点有优先权在网上发送数据？几个节点同时在网上发送数据，发生"碰撞"时，谁有权继续发送？各种网络的媒体访问控制（MAC）协议就是负责整个"仲裁"的。以太网采用"带碰撞检测的载波侦听多址访问（CSMA/CD）"仲裁机制。DeviceNet 和 CAN 采用"优先级仲裁"机制，即"带非破坏性逐位仲裁的载波侦听多址访问（CSMA/NBA）"。PROFIBUS 和 ControlNet 都是令牌传递的总线形控制网络。下面对 DeviceNet 的仲裁机制加以介绍。

CAN 协议规范定义总线数值为两种互补的逻辑数值之一："显性"（逻辑 0）和"隐性"（逻辑 1）。任何发送设备都可以驱动总线为"显性"，当同时向总线发送"显性"位和"隐性"位时，最后总线上出现的是"显性"位，当且仅当总线空闲或发送"隐性"位期间，总线为"隐性"状态。

在总线空闲时，每个节点都可尝试发送，但如果多于两个的节点同时开始发送，发送权的竞争需要通过 11bit 标识符的逐位仲裁来解决。DeviceNet 采用 CSMA/NBA 的方法解决总线访问冲突问题。网络上每个节点都有一个唯一的 11bit 标识符，这个标识符的值决定了总线冲突仲裁时节点优先级的高低。标识符值越小，优先级越高，标识符值小的节点在竞争中为获胜的一方。这种机制不同于以太网，总线上不会发生冲突，竞争中获胜的节点可以继续发送，直到完成为止。这种机制保证了总线上的信息不会丢失，总线资源也得到充分利用。

DeviceNet 的总线冲突仲裁过程具体如下：在任一时刻，DeviceNet 上所有节点都在侦听总线的状态，当总线上已有节点正在发送时，任何节点必须等待这一帧发送结束，经过约定的帧间隔，任何节点都可以申请下一帧的发送。当多个节点同时向总线发送报文时，要经过 11bit 标识符的仲裁。在该表示符发送期间，每个发送节点都在监视总线上当前的电平，并与自身发送的位电平进行比较，如果值相等，这个节点继续发送下一位，如果发送了一个隐性位（1），而在总线上侦测到一个显性位（0），则说明另一个具有更高优先级的节点发送了一个显性位（0），那么此节点失去仲裁权，立即停止下一位的发送。失去仲裁权的节点可以在当前帧结束之后，在此尝试发送。由此可见，11bit 标识符数值最小的节点拥有最高的优先级，作为获胜的一方，可不受影响地继续传输数据，所以这种碰撞和仲裁并未造成数据帧的破坏，即不会浪费通信资源。同时可以看到，由于标识符数值低的节点具有较高的优先权，所以通过标识符的分配可以使重要的数据得到优先发送。DeviceNet 非破坏性逐位仲裁机制。

当多个节点同时向总线发送信息时，优先级较低的节点会主动地退出发送，而最高优先级的节点可不受影响地继续传输数据，从而大大节省了总线冲突仲裁时间，尤其是在网络负载很重的情况下，也不会出现网络瘫痪的情况。

4.4.3 错误诊断和故障界定机制

CAN 提供了下列错误的机制。

① 位错误。当发送器将自己发送的电平与总线上的电平相比较，发现两者不相等时产生位错误。隐性位传输时，显性位的检测在仲裁区、ACK 时间段或错误被动标志传输期间都不会导致位错误。

② 应答错误。当发送器确定报文没有得到应答时发生应答错误。在数据帧和远程帧都有一个应答场，所有接收的节点，无论是不是目标接收者，都要对此报文作出应答。

③ 填充错误。当节点检测到 6 个相同电平值的连续位时发生填充错误。在正常情况下，当发送器检测到它已经发送了 5 个数值相同的连续位时，那么它将在第 6 位上插入一个取反值（称之为位填充）。所有接收器在 CRC 计算前将除去填充位。这样，当节点检测到 6 个连续的具有相同值的位时，即产生一个填充错误。

④ CRC 错误。当 CRC 值与发送器生成值不匹配时发生 CRC 错误。每一帧包含一个由发送器初始化的 CRC 域。接收器计算出 CRC 值，并与发送器产生的值相比较。如果两个值不相等，即产生 CRC 错误。

⑤ 格式错误。当在一必须发送预定值的区内检测到非法位时发生格式错误。确定的预定义的位值必须在 CAN 帧内的一个确定点发送，如果在这些区域中的一个位检测到非法位值，即产生格式错误。所有节点检验所有报文的有效性，每个节点将会在每一个有效报文的

应答场给出显性应答位。这样就能告诉发送节点没有节点检测到错误或者至少有一个别的节点正确接收到报文。每个节点对无效发送出错帧来标识错误，一旦发生故障就发送出错帧，告诉所有节点至少有一个节点没有正确接收到报文。

CAN 定义了一个故障界定状态机制。一个节点可能处于下面三种错误状态之一。

① 错误主动（Error Active）。当一个错误主动节点检测到上述某个错误时，它将发送一个错误主动帧，该帧由六个连续的显性位组成。这一发送覆盖其他任何同时生成的发送，并导致其他所有节点都检测到一个填充错误，并以此放弃当前帧。当处于错误主动状态的节点检测到一个发送问题时，它将发出一个错误主动帧，以避免所有其他节点接收报文包。无论检测到错误的节点是否要接收这个数据，都要执行这个过程。

② 错误被动（Error Passive）。当一个错误被动节点检测到上述的某一个错误时，它将发出一个错误被动帧。该帧由 6 个连续的隐性位构成。这个帧可能会被同时出现的其他发送所覆盖。如果其他站点没有检测到这个错误，将不会引起丢弃当前帧。

③ 离线（Bus Off）。处于离线状态下的节点不允许对总线有任何影响。它在逻辑上与网络断开。DeviceNet 的故障界定机制参考了 CAN 现场总线的错误界定机制。同样，为了故障界定，在 DeviceNet 上的每个节点中都设有两种计数器：发送错误计数器和接收错误计数器。

在故障界定状态机制中，对故障进行认定的过程如下：①节点保持对发送和接收错误计数器的跟踪；②节点在开始错误主动状态时，错误计数器的值等于 0，并且在错误主动状态下的节点假设所有检测到的错误不是该节点引起的；③错误类型以及检出错误的节点被赋予不同的计数值，这些计数值将根据是发送还是接收错误进行累加，有效的接收及发送使这些计数器递减，直至最小值为 0；④当这些计数器中的任何一个超出 CAN 定义的阈值时，该节点进入错误被动状态，在此状态下，该节点被认为是导致错误的原因；⑤当发送错误记述值超出 CAN 定义的另一个阈值时，节点进入离线状态，按照 DeviceNet 规范定义的从离线到错误主动之间的状态转换机制进行转换；⑥当错误被动的节点的发送及接收错误计数器值都减小至 CAN 定义的阈值以下时，节点重新进入错误主动状态。

4.5　DeviceNet 应用层

4.5.1　连接

DeviceNet 应用层采用 CIP 协议，详细定义了连接、报文（报文的传送和数据分割）、对象模型和设备描述等方面的内容。连接是 DeviceNet 中重要概念。

OSI 协议中，层之间通过接口提供两种服务：面向连接的服务和无连接的服务。

面向连接：服务双方必须先建立可用连接，然后利用该连接完成数据传送，最后退出释放建立连接时所需资源。这种服务典型的例子是有线电话系统。

无连接：要传递的数据自身携带目的地址信息，因而可以有不同的路由选择。这种服务的典型例子是邮寄系统。另外，为了增强服务的性能，可以引入确认（acknowledgement）信息，这以牺牲一定的传输时间和网络负载为代价。

DeviceNet 是面向连接服务的网络，任意两个节点在开始通信之前必须事先建立连接以提供通信路径，这种连接关系是逻辑上的，在物理上并不实际存在。

连接提供了"应用"之间的路径。当建立连接时，与连接相关的传送会被分配一个连接 ID（CID）。如果连接包含双向交换，那么应当分配两个连接 ID 值。

图 4-11　DeviceNet 面向连接的数据交换过程

DeviceNet 总线上设备（客户机或服务器）在上电初始化后，首先需要进行重复 MAC ID 检测，如果重复 MAC ID 检测通过，则设备当前状态为在线；如果重复 MAC ID 检测未通过，则转入离线状态。

进入在线状态后，①设备使用未连接显示报文管理与服务器建立显示连接，进行显示报文通信，设备可通过显示报文连接建立 I/O 连接，实现 I/O 数据交换；②通过预定义主\从连接建立 I/O 连接，通过显示报文配置激活，实现 I/O 数据交换。

DeviceNet 总线上设备在开机后能够立即寻址的唯一端口是"非连接信息管理器端口"（UCMM 端口）和预定义主\从连接组的"Group2 非连接显示请求端口"。当通过 UCMM 端口或 Group2 非连接显示请求端口建立一个显示报文连接后，这个连接可用于一个节点向其他节点传送信息，或建立 I/O 信息连接。一旦建立 I/O 信息连接后，就可以在网络设备之间传送 I/O 数据。

4.5.2　报文组

源/目的模式的缺点是数据在不同时间到达各站点，站和站之间的同步非常困难；同时，必须传送多次，消耗了带宽。

DeviceNet 在应用层采用的是 CIP。下面对 DeviceNet 的报文格式分析来介绍 DeviceNet 在 CIP 上的具体表现。

DeviceNet 采用标准的 CAN2.0 协议，每一个连接由一个 11bit 的连接标识符（Connection ID，CID）来标识，该 11bit 的连接标识符包括了媒体访问控制标识符（MAC ID）和报文标识符（Message ID）。即 CID＝MAC ID＋Message ID。MAC ID 在发送生产者报文时，是源 MAC ID，在寻找对方回应时是目的 MAC ID。

在 DeviceNet 中通过一系列参数和属性对连接进行描述，如这个连接所使用的标识符（即 DeviceNet 数据帧中的 11bit 标识符）、这个连接传送报文的类型、数据长度、路径信息的产生方式、报文传送频率和连接的状态等。DeviceNet 不仅允许预先设置或取消连接，也允许动态建立或撤销连接，这使通信具有更大的灵活性。

表 4-3　DeviceNet 组报文及地址范围

| 连接 ID＝CAN 标识符（bits 10:0） | | | | | | | | | | | 报文类型 | HEX 范围 |
10	9	8	7	6	5	4	3	2	1	0		
0	报文 ID					源 MACID					组 1 报文	000～3FF
1	0	MACID						报文 ID			组 2 报文	400～5FF
1	1	报文 ID			源 MACID						组 3 报文	600～7BF
1	1	1	1	1	报文 ID						组 4 报文	7C0～7EF
1	1	1	1	1	1	1	X	X	X	X	无效 CAN 标识符	7F0～7FF

DeviceNet 用连接标识符将优先级不同的报文分成 4 组。连接标识符属于组 1 的报文优先级最高，通常用于发送设备的 I/O 报文，连接标识符属于组 4 的报文优先级最低，用于

设备离线时的通信。DeviceNet 所定义的 4 个报文组见表 4-4。

表 4-4　DeviceNet 的报文分组

标识符											报文类型
10	9	8	7	6	5	4	3	2	1	0	
0	组 1 报文 ID				源 MACID						组 1 报文
0	1	1	0	1	源 MACID						从站 I/O 状态改变 COS/ Cyclic 信息
0	1	1	1	0	源 MACID						从站 I/O 位选通(Bit-Strobe)响应报文
0	1	1	1	1	源 MACID						从站 I/O 轮询(Poll)响应(或 COS/Cyclic 应答信息)
1	0	MACID						组 2 报文 ID			组 2 报文
1	0	源 MACID						0	0	0	主站 I/O 位选通命令信息
1	0	源 MACID						0	0	1	为主站的使用而保留
1	0	源 MACID						0	1	0	主站 COS/ Cyclic 应答信息
1	0	目的 MACID						0	1	1	主站显示/未连接响应信息
1	0	目的 MACID						1	0	0	主站显示请求报文
1	0	目的 MACID						1	0	1	主站 I/O 轮询命令/状态改变/ Cyclic 信息
1	0	目的 MACID						1	1	0	组 2 未连接显示请求报文 预定义主\从连接
1	0	目的 MACID						1	1	1	重复 MACID 检测报文
1	1	组 3 报文 ID			源 MACID						组 3 报文
1	1	1	0	1	源 MACID						未连接显示响应(外部响应)报文(UCMM 负责处理)
1	1	1	1	0	源 MACID						未连接显示请求报文(UCMM 负责处理)
1	1	1	1	1	组 4 报文						
1	1	1	1	1	2C						通信故障响应报文
1	1	1	1	1	2D						通信故障请求报文
1	1	1	1	1	2E						离线所有权响应报文
1	1	1	1	1	2F						离线所有权请求报文
1	1	1	1	1	1	1	X	X	X	X	无效 CAN 标识符

　　MAC ID 为分配给 DeviceNet 上的每一个节点一个整数标识值,用于在网络上识别这一个节点。MAC ID 为 6bit 二进制数,可标识 64 个节点。6bit 的 MAC ID 从 0 至 63,通常由设备上的拨码开关设定。MAC ID 有源和目的之分。源 MAC ID 分配给发送节点。组 1 和组 3 需要在标识区内指定源 MAC ID;目的 MAC ID 分配给接收设备。报文组 2 允许在标识区的 MAC ID 部分指定源或目的 MAC ID。

　　Message ID(也称为报文 ID)用于标识一个连接所使用的通信通道。Message ID 是在特定端点内的报文组中识别一个报文。用 Message ID 在特定端点内单个报文组中可以建立多重连接。Message ID 的位数对不同报文组不一样,组 1 为 4bit(16 个信道),组 2 为 3bit(8 个信道),组 3 为 3bit(8 个信道),组 4 为 6bit(64 个信道)。

　　① 报文组 1。在组 1 的传输中,总线访问优先权被均匀地分配到网络的所有设备上。

　　当两个或多个组 1 报文进行 CAN 总线访问仲裁时,小数字的组 1 报文 ID 值的报文将赢得仲裁,并获得总线访问权。表 4-4 列出了展开报文组 1 后标识符的分配情况。例如,device♯20,message_ID＝2 将先于 device♯5,message_ID＝6 赢得仲裁。例如,device♯2,message_ID＝5 将先于 device♯3,message_ID＝5 赢得仲裁。这样,在组 1 中就提供了16 个级的优先权均匀分配方案。

　　② 报文组 2。在组 2 内,MAC ID 可以是发送节点的 MAC ID(源 MAC ID),也可以是接收节点的 MAC ID(目的 MAC ID)。当通过组 2 建立连接时,端点将确定是源 MAC ID 还是目的 MAC ID。当两个或多个组 2 传输数据,在进行 CAN 总线仲裁时,其 MAC ID

数值较小的报文将获得总线访问权。

③ 报文组 3。在组 3 中，报文 ID 描述了由一个特定端点交换的各种组 3 报文。动态建立的显式报文连接在组 3 传输，并将 5（响应）和/或 6（请求）置于 CAN 标识区的组 3 报文 ID 部分。这些报文被认为是未连接显式报文。未连接显式报文由未连接报文管理器（UCMM）进行处理。表 4-4 列出了展开报文组 3 后标识符的分配情况。

在组 3 的传输中，总线访问优先权将均衡地分配给网络中的所有节点。当两个或多个组 3 报文接受 CAN 总线访问仲裁时，组 3 报文 ID 值较小的报文将赢得仲裁，并获得总线访问权。例如：设备 device＃20，message_ID＝2 将先于设备 device＃5，message_ID＝4 赢得仲裁。

④ 报文组 4。在组 4 中，报文 ID 为 2C-2F 将全部用于离线连接组报文。

每个节点在上线时，都要进行 MAC ID 重复检测，必须连续发送两次请求，等待 2s（期间）后，只要收到相同 MAC ID 地址的请求或响应（重复 MACID 检测），则不能上线。上线的节点先通过 UCMM 建立显示连接。

4.5.3　I/O 报文和显式报文

DeviceNet 定义了两种报文：I/O 报文和显式报文。

（1）I/O 报文（I/O Message）

I/O 报文适用于实时性要求较高和面向控制的数据，它提供了在报文发送过程和多个报文接收过程之间的专用通信路径。I/O 报文对传送的可靠性、送达时间的确定性及重复性有很高的要求。图 4-12 为 I/O 报文的格式

| CAN 帧头 | I/O 数据（0 ～ 8B） | CAN 帧尾 |

图 4-12　I/O 报文的格式

I/O 报文通常使用优先级高的连接标识符，通过一点或多点连接进行信息交换。I/O 报文数据帧中的数据场不包含任何与协议相关的位，仅仅是实时的 I/O 数据。连接标识符提供了 I/O 报文的相关信息，在 I/O 报文利用连接标识符发送之前，报文的发送和接收设备都必须先进行设定，设定的内容包括源和目的对象的属性以及数据生产者和消费者的地址。只有当 I/O 报文长度大于 8B（最大尺寸），需要分段形成 I/O 报文片段时，数据场中才有 1B 供报文分段协议使用。如图 4-13 所示。

字节数	7	6	5	4	3	2	1	0
0	分段类型		分段计数器					
	I/O 报文分段							

图 4-13　I/O 分段报文

I/O 报文有时也称隐式报文，由于它的数据域中常常不包含协议信息，因而节点处理这些报文所需的时间大大缩短。I/O 报文的一个例子是控制器将输出数据发送给一个 I/O 模块设备，然后 I/O 模块按照它的输入数据回应给控制器。

（2）显式报文（Explicit Message）

显式报文适用于设备间多用途的点对点非实时报文传递，是典型的请求-响应通信方式，常用于上传/下载程序、修改设备组态、记载数据日志、作趋势分析和诊断等。其结构十分灵活，数据域中带有通信网络所需的协议信息和要求操作服务的指令。显式报文利用 CAN

的数据区来传递定义的报文，图 4-14 为显式报文的格式

| CAN 头 | 协议域和数据域（0～8B） | CAN 尾 |

图 4-14　显式报文的格式

含有完整显式报文的传送数据区包括报文头和完整的报文体两部分。如果显式报文的长度大于 8B，则必须在 DeviceNet 上以分段方式传输。一个显式报文的分段包括报文头、分段协议、分段报文体三部分。

① 报文头。显式报文的 CAN 数据区的 0 号字节指定报文头，其格式如图 4-15 所示。

偏移地址	位							
	7	6	5	4	3	2	1	0
0	Frag	XID	MACID					

图 4-15　报文头的格式

其中，Frag（分段位）显示此传输是否为显式报文的一个分段（此报文是否为分段报文，＝1 为分段）；

XID（事务处理 ID）该区应用程序用以匹配响应和相关请求，该区由服务器用响应报文简单回复；

MAC ID 包含源 MAC ID 或目的 MAC ID。根据表 4-4 来确定该区域中指定何种 MAC ID（源或目的）。

接收显式报文时，须检查报文头内的 MAC ID 区，如果在连接 ID 中指定目的 MAC ID，那么必须在报文头指定其他端点的源 MAC ID。如果在连接 ID 中指定源 MAC ID，那么必须在报文头中指定接收模块的目的 MAC ID（点对点的）。

② 报文体　报文体包含服务区和服务特定变量。

报文体的格式如图 4-16 所示。

偏移地址	位								
	7	6	5	4	3	2	1	0	
0	Frag	XID	MAC ID						服务区
1	R/R	服务代码							
2-7	服务特定变量								

图 4-16　报文体的格式

报文体指定的第一个变量是服务区，用于识别正在传送的特定请求或响应。

服务区内容如下：

a. 服务代码和服务区字节低 7 位值，表示传送服务的类型。

b. R/R——服务区的最高位。该值决定了这个报文是请求报文还是响应报文。

报文体中紧接服务区后的是正在传送的服务特殊类型的详细报文。

字节数	7	6	5	4	3	2	1
0	Frag	XID	MAC ID				
1	分段类型		分段计数器				
	显示报文体分段						

图 4-17　分段协议的格式

分段协议在显式报文内的位置与在 I/O 报文内的位置是不同的，显式报文位于 1 字节，I/O 报文位于 0 字节。两种报文都可以通过分段模式来传输不限长度的数据。如图 4-17 所示。

分段类型值含义如下：＝0 表示当前分段是第一分段，此时分段计数器的值必须是 0 或

者 3F；＝1 表示当前分段为中间分段，分段计数器的值是分段的序号；＝2 表示当前分段为最后分段，分段计数器的值是分段的序号；＝3 表示当前分段是应答分段。

　　每台设备必须能解释每个显式报文的含义，实现它所请求的任务，并生成相应的回应。为了按通信协议解释显式报文，在真正要用到的数据上必须有较大一块的附加量。这种类型的报文在数据量的大小和使用频率都是非常不确定的。显式报文通常使用优先级低的连接标识符，并且该报文的相关信息直接包含在报文数据帧的数据场中，包括要执行的服务和相关对象的属性及地址。

　　例如建立一个显式报文连接，客户机 MAC ID＝0，服务器 MAC ID＝5，客户机向服务器发送报文使用组 1，报文 ID＝A，服务器向客户机发送报文使用组 1，报文 ID＝3，由客户机向服务器发出打开显式报文连接的请求。打开显式报文连接响应格式 <u>11</u> <u>101</u> <u>000101</u> 数据＝<u>00CB00030200</u>。

4.5.4　未连接报文管理（UCMM）

　　任何一个设备在通过了重复 MAC ID 检测后，就可以转为在线状态。此时设备如果要通信，则需要与其他设备建立显式信息连接。而显式信息连接的建立，可以通过未连接报文管理（UCMM）动态建立，如图 4-18 所示。

　　UCMM 向没有事先建立连接的设备发送请求的一种方式，支持 CIP 服务，主要用于一次性的操作或非周期性的请求。

　　UCMM 处理两种服务：一是打开显式报文连接，建立一个显式报文连接；二是关闭连接服务代码，删除一个连接对象并解除所有相关资源。二者都是由客户端发起。打开显式信息连接服务代码＝4Bhex，用于建立一个显式连接。关闭连接服务代码＝4Chex，用于删除一个显式连接对象，释放所有相关资源。

　　与 UCMM 相关的术语如下。

　　① 具有 UCMM 功能的设备：指支持未连接报文管理器（UCMM）的设备。

　　② 仅限组 2 服务器：指无 UCMM 功能，必须通过预定义主/从连接组建立通信的从站（服务器），至少必须支持预定义主/从显式报文连接。一个仅限组 2 设备只能发送和接收预定义主/从连接组所定义的标识符。

　　所谓 UCMM 是指设备从未连接状态到连接状态可以主动进行，它可以通过显式信息连接主动确立连接路径和连接 ID，如果不具备 UCMM 功能，那就不能主动建立连接关系，这些设备只能够做从站，而且因为只能进行组 2 信息的通信，所以叫只限组 2 从站。

　　③ 仅限组 2 客户机：指仅作组 2 客户机对组 2 服务器进行操作的设备，仅限组 2 客户机为仅限组 2 服务器提供 UCMM 服务的功能。

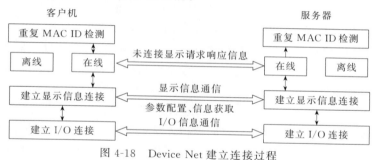

图 4-18　Device Net 建立连接过程

4.5.5　预定义主/从连接组

　　支持 UCMM 功能的从站既可动态配置与主站设备的连接，也可静态配置与主站设备的连接。但考虑到有些设备根本不需要（许多电气设备要实现的功能在设计时就已经预先决定了，如检测压力、启动电动机等，即这些设备的数据类型和数量事先已明确）也没有资源去使用 UCMM 这一强大功能，DeviceNet 指定了一套称为预定义主/从连接组的连接标识符，用来简化主/从结构中 I/O 配置和配置型数据的传送。

　　预定义主/从连接是一种能方便通信，特别是在主/从关系中常见的连接。在预定义主/从连接组定义中省略了创建和配置应用与应用之间连接的许多步骤，这样做是为了用比较少的网络和设备资源来创建一个通信环境。它最初是为了简化连接的建立而设计的。不支持 UCMM 的设备必须支持预定义主/从连接组，几乎所有的设备都支持预定义主/从连接组，所有的扫描卡都支持预定义主/从连接组。但使用预定义主/从连接组无法充分体现 DeviceNet 的优势。

　　DeviceNet 中为了适应主从式的应用场合，同时降低从站的投资，可以在网络工作之前先在主站设备建立从站设备的扫描列表，然后根据预设定的 I/O 参数、设备功能和从站进行通信。

　　UCMM 使用灵活，功能强，不限定信息组和信息 ID。预定义主/从连接简单而快速，省去很多创建配置应用与应用之间的连接的步骤，作为 DeviceNet 协议的子集，使用较少资源创建 DeviceNet 的连接，但只能使用固定的信息组和信息 ID。

　　不同主站模块建立 I/O 连接的流程有所差别，这里强调的是 DeviceNet 网络是基于连接的一种通信网络。

　　预定义主/从连接上电时就已经完成，主站唯一要做的步骤就是声明对从站内该预定义连接组的所有权。

　　高端设备同时支持显式信息连接和预定义主/从连接，如 panelView、变频器，而低端设备如按钮、光电感应器只支持预定义主/从连接。

4.6　DeviceNet 对象模型及设备描述

4.6.1　对象模型

　　DeviceNet 使用抽象的对象模型（Object Model）来表示如何建立和管理设备的特性和通信关系，DeviceNet 的节点被模型化为对象（Object）的集合。DeviceNet 的每台设备都由两类基本的对象集（与通信有关的对象和与应用有关的对象）组成。

　　DeviceNet 对象模型提供了组织和实现 DeviceNet 产品的组件属性、服务和行为的简便模板，并可通过 C++ 中的类直接实现。一个设备的组件可分为组件属性、服务和行为三部分，这三部分可按如下对象进行描述。

　　① 连接对象（Connection Object）。DeviceNet 产品中，一般至少包括两个连接对象。每个连接对象代表 DeviceNet 上两个节点间虚拟连接中的一个端点。两种连接类型分别是显式报文连接和 I/O 报文连接。显式报文中，包括属性地址、属性值和用以表述所请求行为

的服务代码。I/O 报文中只包含数据，所有关于如何处理该数据的信息都包含在与该 I/O 报文相关的连接对象中。连接对象的标识符为 0X05。

② DeviceNet 对象（DeviceNet Object）。DeviceNet 产品中，一般都有一个 DeviceNet 对象实例，该实例具有下列属性：节点地址或其 MAC ID、波特率、总线离线动作、总线离线计数器、单元选择和主站的 MAC ID。DeviceNet 对象的标识符为 0X03。

③ 标识对象（Identity Object）。DeviceNet 产品中，一般都有一个标识对象实例，此实例包含各种属性，如供货商 ID、设备类型、产品代码、版本、状态、序列号、产品声明等。

④ 报文路由对象（Message Router Object）。DeviceNet 产品中，一般都有一个报文路由对象实例，可将显式报文传送给其他相应的对象。一般在 DeviceNet 中，它不具有外部可视性。其对象标识符为 0X02。

⑤ 汇编对象（Assembly Object）。DeviceNet 产品中，一般都有一个或多个汇编对象。这些对象的任务解释将来自不同应用对象的不同属性（数据）组成一个能够随单个报文传送的属性。汇编对象的对象标识符为 0X04。

⑥ 参数对象（Parameter Object）。在带有可配置参数的设备中，都用到了可选的参数对象。每个可配置参数的设备都应引入一个实例。参数对象的属性包括数值、量程、文本和相关信息。参数对象为配置工具访问所有的参数提供标准的方法。其对象标识符为 0X0F。

⑦ 应用对象（Application Object）。应用对象泛指描述特定行为和功能的一组对象，例如开关量输入输出对象、模拟量输入输出对象等。DeviceNet 的节点若需实现某种特定功能，至少需要建立一个应用对象。DeviceNet 协议中有一个标准设备库，提供了大量的标准对象。

DeviceNet 为了对各个对象及其中的类、实例、属性等进行寻址，提供了以下几种寻址标识符。

- 媒体访问控制标识符（MAC ID）：对 DeviceNet 网段上的各个节点进行标识。
- 类标识符（ClassID）：对 DeviceNet 网段上的各个类进行标识。
- 实例标识符（Instance ID）：对同一个类中的各个实例进行标识。
- 属性标识符（Attribute ID）：对同一个对象中的各个属性进行标识。

4.6.2 设备描述

DeviceNet 协议规范为属于同一类别不同制造商生产的设备定义了标准的设备模型，符合同一模型的设备遵循相同的身份标识和通信模式，这保证了不同制造商生产的同一类设备间的互换性和互操作性。这些与不同类设备相关的数据包含在设备描述中。设备描述是一个设备的基于对象模型的正式定义，包括以下内容：

- 设备的内部构造（包括设备的对象模型、设备行为的详细描述）；
- I/O 数据格式（数据交换的内容和格式，以及在设备内部的映射所表示的含义）；
- 可组态的属性和公共接口（包括该属性如何被组态、组态数据的功能）。

DeviceNet 协议规范还允许制造商提供电子数据文档（EDS），以文件的形式记录设备的一些具体操作参数等信息，便于在配置设备时使用。这样，来自第三方的 DeviceNet 产品就可以方便地连接到 DeviceNet 上。

4.7 ControlNet

ControlNet 基础技术是美国 Rockwell Automation 公司自动化技术研究发展起来的。1995 年 10 月开始面世，1997 年 7 月由 Rockwell 等 22 家企业发起成立 ControlNet 国际化组织（CI），是个非赢利独立组织，主要负责向全世界推广 ControlNet 技术（包括测试软件）。目前已有 50 多个公司参加，如 ABB Roboties、Honeywell Inc.、日本横河、东芝、Omron 等大公司。

ControlNet 是实时的控制层网络，在单一物理介质链路上，可以同时支持对时间有苛刻要求的实时 I/O 数据的高速传输，以及报文数据的发送，包括编程和组态数据的上载/下载以及对等信息传递等。

ControlNet 采取生产者/消费者通信模式，并支持多主、主/从、点对点对等通信。

ControlNet 安装简单、扩展方便、可做介质冗余、本质安全、具有良好诊断功能。

EtherNet－ControlNet-DeviceNet 的网络结构是 ControlNet 的典型应用形式。

ControlNet 主要技术特点如下。

物理层介质：RG6 同轴电缆、光纤。

网络拓扑：总线形、星形、树形及混合结构。

ControlNet 使用的同轴电缆可寻址节点最多为带中继器 99 个，1000m；采用光纤和中继器后，通信距离可达几十公里。

设备供电方式：外部供电。

节点插拔：可带电插拔。

网络速度：5Mbit/s（最大）。

I/O 数据个数：不限。

I/O 数据触发方式：轮询、状态改变/周期。

网络功能：同一链路支持控制信息、I/O 数据、编程数据。

网络模型：生产者/消费者。

网络刷新时间：可组态 2～100ms。

4.7.1 物理层

ControlNet 物理层分为以下 3 个子层。

物理层信号（PLS）子层：定义与信号有关的内容，包括通信波特率、信号编码等，其波特率只有 5Mbit/s 一种，编码采用的是曼彻斯特编码。

物理媒体连接（PMA）子层：定义设备内的物理部件，如收发器、连接器等。

传输介质子层：定义与传输介质有关的内容，如线缆、网络拓扑结构、分接头等。

网络元件如下。

① 同轴电缆。

拓扑结构：主干-分支型，加中继器后几种形式均可。

一个典型的基于同轴电缆的 ControlNet 网络组成：干线电缆、终端电阻（75Ω）、分接头、支线电缆、ControlNet 设备等。

支持传输介质冗余：所有设备都支持冗余，以冗余的方式相接，两个通道都启用。ControlNet 是一个与地隔离的网络，应该保证网络不会意外接地。

② 光纤。适用于有防爆要求的应用场合。ControlNet 支持的光纤有 3 种：短距，300m；中距，7km；长距，20km。

通信方式：a. 点对点，两个节点之间、节点的中继器之间或两个中继器之间的连接；b. 环网，多个节点之间的连接，节点（设备）需具备环中继功能。

③ 屏蔽双绞线：8 芯，仅用于两个网络访问端口 NAP（Network Access Port）之间的点对点连接。

与 ControlNet 网络直接连接的节点为永久节点，通过 NAP 与永久节点相连的节点为临时节点。使用 NAP 时不能同时将临时节点的 NAP 和同轴电缆接口连接到不同的设备上。

④ 中继器。工作在物理层的设备，其功能是双向接收、处理并重发物理信号。中继器用途：用于网络拓展；用于传输介质或拓扑结构的切换。

中继器分类：a. 普通中继器，两个网络接口；b. 环中继器；c. 网络接口，支持介质冗余。

4.7.2 CTDMA

并行时间域多路存取简称为 CTDMA（Concurrent Time Domain Multiple Access），是 ControlNet 网络中采用的特色技术之一。CTDMA 是由通信模型中物理层与数据链路层所完成的功能。图 4-19 给出 ControlNet 与 ISO 的对照关系。

CTDMA 依靠生产者/消费者通信模式来完成。报文数据的产生者充当这一通信模式中的生产者，从网络中取用数据的各节点称为消费者。

发送的报文按内容标识。节点接收数据时，仅需识别与此报文关联的特定标识符。

数据源只需将数据发送一次。多个需要该数据的节点通过在网上识别这个标识符，同时从网络中获取来自同一生产者的报文数据，因而称之为并行时间域多路存取。

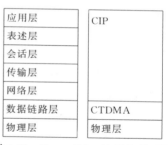

图 4-19　ControlNet 与 ISO 的对照

CTDMA 提高了网络带宽的有效使用率。数据一旦发送到网络上，多个节点就能够同时接收，无需像主从通信模式那样，同一数据需要在网络上重复传送，逐一送到需要该数据帧的节点。当更多设备加载到网络时也不会增加网络的通信量。数据同时到达各节点，可实现各节点的精确同步化。

4.7.3 网络更新时间

在 MAC 子层中 CTDMA 协议把网络时间分成时间片，即网络更新时间（NUT Network Update Time）。

CTDMA 把每个 NUT 划分为预定时段（Scheduled part）、非预定时段（Unscheduled part）和维护时段（Maintain）三个主要部分，如图 4-20 所示。隐性令牌传递机制可保证预定时段和非预定时段中节点对媒体的访问。

ControlNet 中传递隐性令牌的逻辑是通过特别设计的并存时间域多路访问算法来控制的。该算法在每一个网络刷新时间 NUT 内自动调节网络上的每个节点得到隐性令牌传送信息的机会。ControlNet 的技术规范规定可组态的 NUT 时间为 0.5～100ms（目前市场上可提供的有关产品的最小可组态的 NUT 为 2ms）。

ControlNet 支持节点标识符重复检测；支持报文破分。

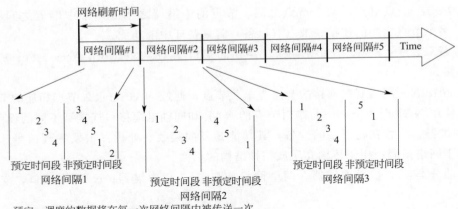

预定：调度的数据将在每一次网络间隔内被传送一次
非预定：调度的数据则可以在多个网络间隔内有选择的传送

图 4-20　NUT 时间分片划分示意图

（1）预定时段（Scheduled）

预定时段用来传送对时间有苛刻要求的数据或称预定数据，如 I/O 信息、PLC 控制器之间的互锁信息等。每一个 MAC ID 地址在 0 和 S_{MAX}（S_{MAX} 表示 NUT 中需利用预定时段传送控制信息的具有最高网络地址的节点）之间的节点都可保证在每一个 NUT 中获取一次且仅一次传输机会。保证网络在预定时段内发送的数据是可预测的、确定的。

节点以顺序的机会拿到隐性令牌上网传送信息。每个节点可传输最多 510 字节。这一部分的带宽已预先组态和保存以支持实时数据传输。节点地址大于 S_{MAX} 的节点在预定时段部分中不发送信息。

不同的应用程序对预定时段的数据发送有不同的要求，如果以同一速率发送所有数据，其速率将是很低的。所以不同的数据按不同的发送速率。ControlNet 支持 8 种不同的速率，是 NUT 的二进制倍数。用户选择请求数据包间隔，网络组态工具设置实际数据包间隔。

当网络组态信息下载到网络中后，系统根据组态信息为那些要预约服务的节点建立连接，这样数据源与目的节点之间的数据发送不再要源地址和目标地址，只需要一个内容标识符即可隐性实现。

（2）未预定时段（Unscheduled）

未预定时段内，用来传送对时间无苛刻要求的数据，这部分时间内，所有传送显性报文的节点按循环、顺序地拿到隐性令牌（第二次操作隐性令牌）。在一次 NUT 中，这种循环不断重复，直到所分配的 NUT 时段用完。根据用完预定时段后 NUT 所剩时间的多少，在每个 NUT 中，各节点在未预定时段内访问媒体的机会可不同，即可有 0 次、1 次或多次机会来发送未预定数据。CTDMA 算法根据网上控制信息流的负载量，在不影响预定时段的前提下，保证至少在一个节点在一次 NUT 中可拿到隐性令牌上网传送显性报文。

未预定时段服务范围从 0 到 U_{MAX} 的最大值。另外，U_{MAX} 总是大于或等于 S_{MAX}。地

址大于 S_{MAX} 而小于 U_{MAX} 的节点只能传送 Unscheduled 信息。地址小于 S_{MAX} 的节点可传送 Scheduled 和 Unscheduled 信息。地址大于 U_{MAX} 的节点无法在网络上通信。

(3) 维护时段（Maintenance）

当维护时段到来时，所有节点停止发送数据，在维护时段内，具有最小 MAC ID 的节点即协调节点 Keeper 发送一个维护报文（协调帧），此报文可维持网络上每个节点的 NUT 定时器的同步和发布一些重要的网络链路参数及重要通知，每个 NUT 周期都发送（如 NUT、S_{MAX}、U_{MAX} 等）。

协调节点总是选择 MAC ID 最小的，CTDMA 主要维护工作包括：协调节点发送重同步协调帧→重启 NUT→节点接收协调帧→比较→不一致→节点失效；在两个连续的 NUT 中未收到协调帧→最低 MAC ID 节点承担协调节点→第三个 NUT 维护时段发送协调帧→遇到比其低的 MAC ID 节点→停止协调角色；协调帧在每个 NUT 都要发送，以调整参数，并为新加入的节点提供参数。

同其他的现场总线一样，在 ControlNet 网络运行之前，必须对它进行组态，即对一些网络参数进行设定，这些参数主要有网络刷新时间 NUT，最大预约节点号 S_{MAX}，最大未预约节点号 U_{MAX} 以及介质冗余选择等。

在每个 NUT 中，节点地址从 1 到 S_{MAX} 的每个节点都允许在 Scheduled 时段中传输数据，如果某个节点由于某种原因从网络上丢失，其下一个节点必须等待一个 slot-time 时间，一个 slot-time 时间是信号在链路上走一个来回所需的最小时间，它的计算取决于链路的物理特性，如电缆的长度、中继器的数量。如果网络上的某个节点没有要发送的数据则会发送一个 NULL 帧。因而，scheduled 时段的边界有时会随着每个节点的利用率而改变。

NUT 的大小决定了系统的循环周期，如果太大，系统的实时性将变差；如果太小，影响了预定时间和无预定时间，使得系统的控制信息和显性报文的发送得不到保证。下面从理论上分析决定 NUT 大小的因素。

由 CTDMA 控制规则可知：

$$NUT = T_{scheduled} + T_{unscheduled} + T_{maintenance}$$

若在每一个 NUT 内，所有 Scheduled 节点都有数据发送，且每个 MAC 帧中 Lpacket 部分的长度都达到了其规定的最大值 510 个字节；同时，非预定时间段中由于 CTDMA 协议保证了至少要有一个节点发送数据，因此：

$$T_{scheduled} = T \times S_{MAX}$$
$$T_{unscheduled} = T$$

式中，T 为节点发送一个最大 MAC 帧所需的时间。从上式中可以看到，当网络的结构、长度和所带的节点数等物理特性确定后，$T_{maintenance}$ 和 T 值也就确定了，因此 NUT 的大小主要受 S_{MAX} 值的影响。由 ControlNet 的 MAC 方法可知，网络编址的合理与否对网络性能影响很大，要想很好地使用 ControlNet 应注意以下几点：

① 对 ControlNet 进行编址时，应把需要发送实时信息的节点都给予比较低的地址。

② 因为对应于每个空地址，网络都要等待一个槽时间，因此网络上最好不要有比 S_{MAX} 和 U_{MAX} 小的空地址。

4.7.4　虚拟令牌及 Keeper

ControlNet 采用了一个特殊的令牌传递机制，叫隐性令牌传递机制（implicit token passing），网络上每个节点被分配一个唯一的 MAC ID，只有获取令牌的节点才可发送数据，但是 ControlNet 网络上并没有真正的令牌在传递（也没有专门的起令牌作用的帧，DP 是专门的令牌帧传递令牌）。

每个节点都有一个唯一的 MAC 地址（1～99），每个节点都设有一个隐性令牌寄存器。节点监视收到的每个数据帧的源节点地址，并在该数据帧结束之后，将隐性令牌寄存器的值设置为收到的源 MAC ID 加 1，如果隐性令牌寄存器的值等于某个节点本身的 MAC ID，则该节点即可发送报文，由于所有节点的隐性令牌寄存器中的值（在任意时刻）都相同，因此避免了冲突的发生。

如果站点得到隐性令牌时没有数据发送，从传递虚拟令牌的角度，它需发送一个空帧的报文。空帧中会含有本站点的 MAC 地址，使各节点的隐性令牌寄存器能正常工作，以传递虚拟令牌。

Keeper 是控制网络上的某个节点，存有网络扫描列表，并且具有保存和应用网络组态参数（如 NUT、S_{MAX}、U_{MAX}）和预定连接信息的能力，负责接收网络配置信息，并分配预定连接信息给各个连接发起者。只有像 PLC 这样的设备才可以作为 Keeper，只有拥有网络组态列表信息的设备可以作为 Keeper。目前有两种类型的网络 Keeper：单 Keeper 和多 Keeper。

单 Keeper 网络：网络上只有一个并且节点为 1 的设备可以存储网络参数和预定连接信息。这时连接的对象可以包括、也可以不包括 Keeper 设备本身。在单 Keeper 网络中，在预定连接建立以前必须要求有效的节点地址 1 为 Keeper 设备，并且该设备必须在线。当预定连接建立后，则该连接将一直工作甚至 Keeper 设备离线也不造成影响。

多 Keeper 网络：网络上有多于一个节点的设备可以存储网络参数和预定连接信息。这些连接的对象可以包括、也可以不包括 Keeper 设备本身。对于 Keeper 的节点地址没有特别要求，但考虑到兼容性，推荐将地址 1 的设备作为 Keeper。在多 Keeper 系统中，只要有一个多 Keeper 设备在线，新的预定连接接可以被建立。

4.7.5　MAC 帧格式

格式：前同步（Preamble）、起始界定符（Start Delimiter）、源 MAC ID（Source）、链路数据包、CRC 和结束界定符（End Delimiter），如图 4-21 所示。

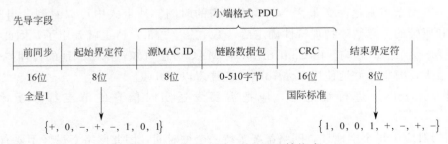

图 4-21　ControlNet 的 MAC 帧格式

链路数据包：长度、控制、标识、链路数据组成。

PDU 中包含三种帧。

① 表示了数据域中各链路包的构成，包括链路包的字段大小（字节对的数量）、控制、标识 CID 和链接数据组成。

字段大小	控制	标识 CID	链接数据

② 2 个字节的带固定标签 CID，它采用非连接型通信方式，用于传送非 I/O 数据。

第 1 个 CID 字节指明所提供的服务，在 ControlNet 技术规范第三部分中规定了这些服务及其代码。比如 0X83 为提供非连接数据管理服务的代码。

第 2 个 CID 字节是目的节点的地址。它可以是一个 MAC 地址，可以是广播地址 0XFE。

字段大小	控制	标识 CID Service	标识 CID Destination	链接数据

③ CID 包含 3 个字节。其中包含：连接类型，如多点传送或点对点连接；组号；MAC 地址；连接号。

字段大小	控制	标识 CID	CID	CID	链接数据

4.7.6　ControlNet 中的连接

ControlNet 中网络层和传输层用于建立连接并对其进行维护，该功能的实现主要涉及未连接报文管理器 UCMM（Unconnected Message Manager）对象、连接路由器对象、连接管理者对象、传输连接、传输类以及应用连接。

连接是不同节点的两个或多个应用对象之间的一种联系，是终端节点之间数据传送的路径或虚电路。终端节点可以跨越不同的系统和不同的网络，但因连接的资源是有限的，所以设备要限制连接的数量。ControlNet 上的报文传送可以是面向连接的和面向非连接的。

对于面向连接的通信，ControlNet 需要建立和维护连接；资源为某个特定的应用事先保留（节点可能用尽其所有资源）；可减小对所接收数据包的处理。

对于面向非连接的通信，需建立或维护连接；资源未事先保留（未连接资源不会用光）；每个报文的附加量增多。

UCMM 是向没有事先建立连接的设备发送请求的一种方式，支持任何控制与信息协议 CIP 的服务，主要用于一次性的操作或非周期性的请求。报文路由器收到 UCMM 报文后，去掉 UCMM 报头，将请求传送给特定的对象类，尽管报文有一部分附加量，但绕过了连接建立的过程。UCMM 主要用于一次性的操作或非周期性的请求。

传输连接：表示特定应用之间关系的特征，其连接的端点是传输对象的实例。传输类：应用接口至传输服务可通过所支持的传输类来实现，定义了 Class0～Class6 共 7 种传输类型，其中：Class3：传输非实时的客户/服务器模式的显式报文，双向连接。

Class1：传输实时 I/O 的隐性报文，单向连接。

对象模型：与 DeviceNet 相似。

对象库：与通信有关的对象、与应用有关的对象。

基本对象模型：

—可选对象：对设备行为无影响，可提供超出基本功能要求的功能。

—必选对象：实现设备互换性、互操作性。

设备描述：实现设备之间的互操作性、同类设备的互换性和行为一致性。

思 考 题

1. 简述 CIP 的工作原理，其特点是什么？
2. 什么是 CSMA/NBA？
3. DeviceNet 的报文如何分组？
4. 简述 ControlNet 的工作过程。

第 5 章
工业以太网及 OPC 技术

5.1　工业以太网

5.1.1　工业以太网现状及趋势

因特网和以太网的普及，使得其网络的使用既经济又便利，这就推动了其网络在工业应用中的推广，并已开发成功多种工业以太网。以太网进入工控领域具有以下优势。

① 价格优势：由于信息网络的存在和以太网的大量使用，使得其具有价格明显低于控制网络相应软硬件的特点，如网卡。

② 技术优势：技术成熟、易于得到、技术深入人心，已为许多人掌握。

③ 集成优势：有利于企业网络的信息集成，便于与上层网络的连接，便于与外界沟通信息。

工业以太网是工业控制网络发展的重要方向，这是共识，但目前还没有一致的定义与规范，没有真正的统一的工业以太网。以太网是物理层和数据链路层技术，各家推出的工业以太网在技术上（尤其在应用层协议上）也存在相当大的差距。目前工业以太网的标准化工作方向主要有：一是集中在应用层，二是致力于在数据链路层实现实时以太网。较著名的工业以太网技术有 Ethernet/IP、ProfiNet、Modbus-IDA、FF HSE 等几种。

同时，下列技术的发展强化了以太网在工业领域的应用。

（1）基于普通以太网技术的嵌入式控制节点

● 随着 ASIC 芯片集成度与功能的不断增强，单个芯片内可包括 CPU、存储器、通信接口、I/O 接口等等（如 ARM9）。

● 在现场智能设备中直接集成带以太网接口的多功能芯片，添加驱动、隔离电路等，便可形成嵌入式以太网控制节点。

还可集成 Web 服务器、CAN2.0B、Bluetooth 等通信接口，以及相关控制功能。

● 在实时性要求不高的场合，由带普通以太网接口的现场智能节点组成控制网络。

（2）采用全双工分组交换技术（交换式以太网）

● 半双工通信发送或接收报文均在一对网线上完成，发生碰撞的概率大。全双工通信状态，一对线用来发送数据，另一对线用来接收数据。

● 将网络切分为多个网段，为连接在其端口上的每个网络节点提供独立带宽，相当于每个设备独占一个网段，数据只在本地网络传输而不占用其他网段的带宽。

● 连接在同一个交换机上的不同设备不存在资源争夺。

- 交换机可使网段上多数数据不经主干网传输。
- 交换式全双工以太网消除了冲突的可能，有条件达到确定性网络的要求。

5.1.2　以太网帧格式

由于不同标准的存在，DIX 联盟和 IEEE 总共提出 4 种不同格式的以太网帧，目前都在使用，这 4 种帧格式分别如下。

① Ethernet II （即 DIX2.0）：Xerox 与 DEC、Intel 在 1982 年制定的以太网帧格式。

② Ethernet 802.3 raw：Novell 公司在 1983 年定义的专用以太网帧格式。

③ Ethernet 802.3 SAP：IEEE 在 1985 年公布的 Ethernet802.3 的 SAP 版本以太网帧格式。

④ Ethernet 802.3 SNAP：IEEE 在 1985 年公布的 Ethernet802.3 的 SNAP 版本以太网帧格式。

在这几种帧格式中，前面 3 个字段定义是一致的，最大的区别在于第 4 字段是定义类型字段还是数据字段，如果是数据字段，则需要通过 LLC 字段描述上层协议类型。图 5-1 给出两种帧结构。图 5-1(a) 为 DIX 以太网帧，图 5-1(b) 为 IEEE802.3 以太网帧。

前同步字符	目的地址	源地址	类型	数据	帧校验序列

(a)

前同步字符	目的地址	源地址	类型/长度	LLC/数据域	帧校验序列

(b)

图 5-1　以太网帧格式

下面以 Ethernet_II 帧为例，其具体包含的字段：

前导码	帧前定界码	目的 MAC	源 MAC	类型(长度)	数据域	FCS
7byte	1	6	6	2	46～1500	4

前导码：包括同步码（用来使局域网中的所有节点同步，7 字节，1 和 0 交替出现）和帧前定界码（帧的起始标志，1 字节，10101011）两部分。

目的地址：接收端的 MAC 地址，6 字节长；可以是下一 LAN 的路由器地址；在到达目标网络后为目的设备的地址。

源地址：发送端的 MAC 地址，6 字节长。

类型：数据包的类型（即上层协议的类型），2 字节长；如 0x0800 为 IP 报文，0x0806 为 ARP 请求/应答，0x8035 为 RARP 请求/应答。

数据域：被封装的数据包，46～1500 字节长；当传输数据小于 64byte 时，"填充"到 64byte。

校验码：错误检验，4 字节。

Ethernet_II 的主要特点是通过类型域标识了封装在帧里的数据包所采用的协议，类型域是一个有效的指针，通过它，数据链路层就可以承载多个上层（网络层）协议。但是，Ethernet_II 的缺点是没有标识帧长度的字段。

MAC 地址为 6 段 8 位数据组成，前三段由 IEEE 分配，后三段由厂家分配。

图 5-2 中，IP 协议是 TCP/IP 协议族中最为核心的协议，它提供不可靠、无连接的数据报传输服务。IP 层提供的服务是通过 IP 层对数据报的封装与拆封来实现的。IP 数据报的格式分为报头区和数据区两大部分，其中报头区是为了正确传输高层数据而加的各种控制信息；数据区包括高层协议需要传输的数据。IP 数据报的格式如图 5-3 所示。

ISO/OSI 模型	TCP/IP 协议、传输介质					TCP/IP 模型
应用层	文件传输 FTP	模拟终端 Telnet	电子邮件 SMTP	网络文件服务 NFS	网络管理 SNMP	应用层
表示层						
会话层						
传输层	TCP			UDP		传输层
网络层	IP Protocol	ICMP		ARP	RARP	Internet 层
数据链路层	Ethernet IEEE 802.3	FDDI	Token Ring IEEE 802.5	ARCnet	PFP/SLIP	网络接口层
物理层						硬件层
	传输介质(如双绞线、铜缆、光纤、无线电等)					

图 5-2 TCP/IP 的分层结构模型

图 5-3 中表示的数据，最高位在左边，记为 0 位；最低位在右边，记为 31 位。在网络中传输数据时，先传输 0～7 位，其次是 8～15 位，然后传输 16～23 位，最后传输 24～31 位。由于 TCP/IP 协议头部中所有的二进制数在网络中传输时都要求以这种顺序进行，因此称为网络字节顺序。在进行程序设计时，以其他形式存储的二进制数必须在传输数据之前，把头部转换成网络字节顺序。

版本号(4 位)	头长度(4 位)	服务类型(8 位)	总长度(16 位)	
标识(16 位)			标识(3 位)	片偏移(13 位)
生存时间(8 位)		上层协议标识(8 位)	头部校验和(16 位)	
源 IP 地址(32 位)				
目标 IP 地址(32 位)				
选项				
数据				

图 5-3 IP 数据报格式

IP 数据报中的每一个域包含了 IP 报文所携带的一些信息，正是用这些信息来完成 IP 协议功能的，各字段的功能现说明如下。

① 版本号。版本号占用 4 位二进制数，表示该 IP 数据报使用的是哪个版本的 IP 协议。IP 地址目前使用的是在 1981 年制定的 IPv4，地址长度为 32 位。IPv4 所限定的地址将耗尽。新的 IP 协议版本被定名为 IPv6，IP 地址由原来的 32 位增加到了 128 位（约合 10^{38}）。IPv6 为现场智能节点成为互联网上的站点提供了条件。

② 头长度。头长度用 4 位二进制数表示，此域指出整个报头的长度（包括选项），该长度是以 32 位二进制数为一个计数单位的，接收端通过此域可以计算出报文头在何处结束及从何处开始读数据。普通 IP 数据报（没有任何选项）该字段的值是 5（即 20 个字节的长度）。

③ 服务类型（Type of Service，TOS）。服务类型用 8 位二进制数表示，规定对本数据报的处理方式。

5.1.3 交换式以太网

早期的以太网用集线器（Hub）实现互联，用集线器的特点是不管数据包要到达的目的地端口，它把接收到的数据包转发到所有的端口，因而一个集线器上的所有端口形成一个广播域。在集线器上的多个用户共享 LAN 的有效带宽。集线器在同一时刻只容许有一个通信会话。集线器上的端口数目增多时，就有更多数目的用户共享 LAN 的有效带宽，其结果是减慢了网络的响应，称之为共享式以太网。交换式以太网则与共享式有本质的不同。

交换式以太网的原理很简单，它检测从以太端口来的数据包的源和目的地的 MAC（介质访问层）地址，然后与系统内部的动态查找表进行比较，若数据包的 MAC 层地址不在查找表中，则将该地址加入查找表中，并将数据包发送给相应的目的端口。

它同时提供多个通道，比传统的共享式集线器提供更多的带宽，传统的共享式 10Mb/s 或 100Mb/s 以太网采用广播式通信方式，每次只能在一对用户间进行通信，如果发生碰撞还得重试，而交换式以太网允许不同用户间进行传送，比如一个 16 端口的以太网交换机允许 16 个站点在 8 条链路间通信，如图 5-4 所示。

以太网交换机实际是一个基于网桥技术的多端口第二层即数据链路层网络设备，它根据 MAC 地址寻址，通过站表选择路由，站表的建立和维护由交换机自动进行。交换机为数据帧从一个端口到另一个任意端口的转发提供了低时延、低开销的通路。

交换机最大的好处是快速。由于交换机只须识别帧中 MAC 地址，直接根据 MAC 地址产生选择转发端口算法简单，便于实现，故转发速度极高。

交换机的结构在不断地发展和改进，有软件交换结构、矩阵交换结构、总线交换结构和存储器交换结构等类型。

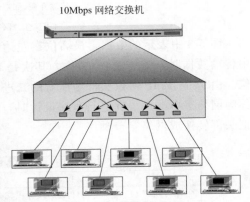

10Mbps 网络交换机

图 5-4　交换机多通道交换

以太网交换技术为终端用户提供了专用点对点连接，把传统的以太网一次只能为一个用户服务的独占式网络结构，转变成一个并行处理系统。以太网交换技术为每个用户提供了一条交换通道，把它们连接到一个高速背板总线上，使所有连接在交换式以太网上的设备均可获得 10Mb/s 或 100Mb/s 的传输速度。

5.1.4　端口/MAC 地址映射表

如图 5-5 所示，端口/MAC 地址映射表是二维表，包含端口、MAC 、计时等信息。

建立、更新端口/MAC 地址映射表采用"地址学习"法，动态更新，读取帧的源地址并记录帧进入交换机的端口（节点只要发送信息，交换机就能建立该表项），利用计时器维护表项的"新鲜"性，新建或更新的表项被赋予一个计时器，计时器超时，表项被删除。

利用端口 /MAC 地址映射表和帧的目的地址决定是否转发或转发到何处。

如果地址表中不存在帧的目的地址，交换机则需要向除接收端口以外的所有端口转发。

隔离本地信息，避免不必要的数据流动。A 需要向站点 C 发送数据，交换机同样在端口 1 接受数据。通过搜索地址映射表，交换机发现站点 C 与端口 1 相连，与发送的源站点处于同一端口。遇到这种情况，交换机不再发送，简单地将信息抛弃，数据信息被限制在本地流动。

5.1.5　其他

所谓虚拟局域网（Virtual LAN）就是将局域网的用户或节点划分成若干个"逻辑工作组"，而这些逻辑组的划分不用考虑局域网上用户或节点所处的物理位置，而只是考虑用户或节点功能、部门、应用等因素。通常，通过以太网交换机就可以配制 VLAN。VLAN 更加灵活，不受地域限制。如图 5-6 所示。

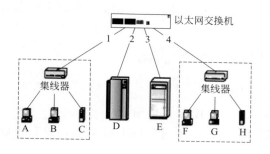

地址映射表		
端口	MAC 地址	计时
1	00-30-80-7C-F1-21（A）	...
1	52-54-4C-19-3D-03（B）	...
1	00-50-BA-27-5D-A1（C）	...
2	00-D0-09-F0-33-71（D）	...
4	00-00-B4-BF-1B-77（F）	...
4	00-E0-4C-49-21-25（H）	...

图 5-5　MAC 地址映射表

三层交换机的路由功能通常比较简单，因为它所面对的主要是简单的局域网连接。路由路径远没有路由器那么复杂。它在局域网中的主要用途还是提供快速数据交换功能，满足局域网数据交换频繁的应用特点。

路由器最主要的功能就是路由转发，解决好各种复杂路由路径网络的连接就是它的最终目的，所以路由器的路由功能通常非常强大，不仅适用于同种协议的局域网间，更适用于不同协议的局域网与广域网间，如图 5-7 所示。它的优势在于选择最佳路由、负荷分担、链路备份及和其他网络进行路由信息的交换等等路由器所具有功能。

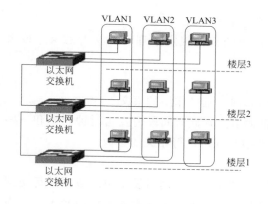

图 5-6　VLAN 的规划

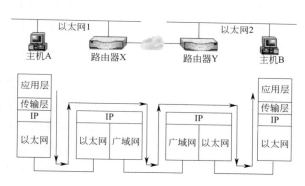

图 5-7　路由器工作范围

5.2　常用工业以太网

5.2.1　EtherNet/IP

工业以太网协议（EtherNet/IP）名称中的"IP"是工业协议（Industrial Protocol）的缩写，由 ODVA 开发并得到罗克韦尔自动化的强大支持。它是一种应用层使用 CIP 协议的工业以太网，CIP 已经在 ControlNet、DeviceNet 中广泛应用。在 EtherNet/IP 控制网络中，设备之间在 TCP/UDP/IP 基础上实现通信。主要应用在包括机器人、驱动器、变频器在内的工业自动化领域。

EtherNet/IP 目前主要应用在北美，通用汽车公司（GM）已将 EtherNet/IP 订为其汽车制造厂的生产标准。同时也在欧洲、日本和中国得到普及。

CIP 采用控制协议来实现实时 I/O 报文传输或者内部报文传输；采用信息协议来实现信息报文交换或者外部报文传输。

CIP 把报文分为 I/O 数据报文、信息报文与网络维护报文三种。

① I/O 数据报文。

● I/O 数据报文是指实时性要求较高的测量控制数据。

● I/O 数据包利用 UDP 的高速吞吐能力，采用 UDP/IP 协议传输。

● I/O 数据报文又称为隐性报文，隐性报文中包含有应用对象的 I/O 数据，没有协议信息。

● 数据接收者知道数据的含义。这种隐性报文仅能以面向连接的方式传送。面向连接意味着数据传送前需要建立和维护通信连接。

② 信息报文。

● 信息报文通常指实时性要求较低的组态、诊断、趋势数据等，一般为比 I/O 数据报文大得多的数据包。

● 信息报文交换是一个数据源和一个目标设备之间短时间内的链接。可以采用面向连接的通信方式、也可以采用非连接的通信方式来传送显性报文（非连接的通信方式不需要建立或维护链路连接）。

● 信息报文采用 TCP/IP 协议并利用 TCP 的数据处理特性。

● 信息报文属于显性报文，需要根据协议及代码的相关规定来理解报文的意义。或者说，显性报文传递的是协议信息。

③ 网络维护报文。

● 网络维护报文指在一个节点与多个节点之间起网络维护作用的报文。

● 在系统专门指定的维护时间内，由地址最低的节点在此时间段内发送时钟同步和一些重要的网络参数，以便网络中各节点同步时钟，调整与网络运行相关的参数。

● 网络维护报文一般采用广播方式发送。

CIP 提供了一系列标准的服务，提供"隐式"和"显式"对网络设备中的数据进行访问和控制。CIP 数据包必须在通过以太网发送前经过封装，并根据请求服务类型而赋予一个报文头。这个报文头指示了发送数据到响应服务的重要性。通过以太网传输的 CIP 数据包具有特殊的以太网报文头，一个 IP 头、一个 TCP（或 UDP）头和封装头，如图 5-8 所示。封装头包括了控制命令、格式和状态信息、同步信息等。这允许 CIP 数据包通过 TCP 或 UDP 传输并能够由接收方解包。相对于 DeviceNet 或 ControlNet，这种封装的缺点是协议的效率比较低。以太网的报文头可能比数据本身还要长，从而造成网络负担过重。因此，Ether-Net/IP 更适用于发送大块的数据（如程序），而不是 DeviceNet 和 ControlNet 更擅长的模拟或数字的 I/O 数据。

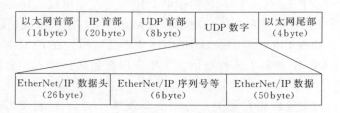

图 5-8　EtherNet/IP 的数据封装

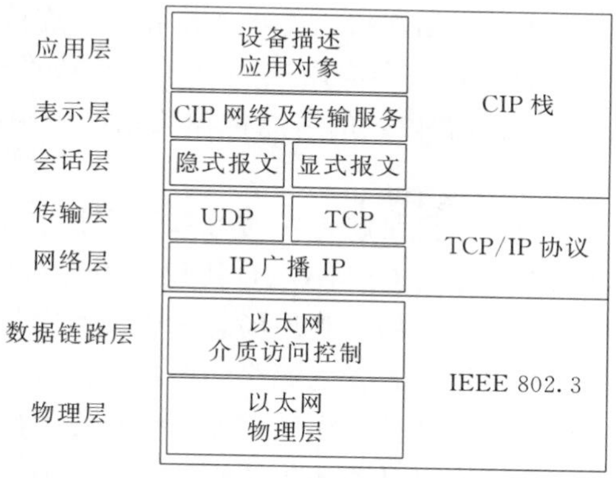

图 5-9　EtherNet/IP 框架结构

CIP 强调是在标准性基础上的应用协议，其框架结构如图 5-9 所示，EtherNet/IP 协议模型及协议内容如下。

物理层和数据链路层：EtherNet/IP 在物理层和数据链路层采用以太网。其主要由以太网控制器芯片来实现。不久的将来会出现更合适的物理层和数据链路层协议，会出现相应的芯片，但是协议无需改变。

网络层和传输层：EtherNet/IP 在网络层和传输层采用标准的 TCP/IP 技术。对于面向控制的实时 I/O 数据，采用 UDP/IP 协议来传送，而对于显式信息（如组态、参数设置和诊断等）则采用 TCP/IP 来传送，其优先级较低。而将来采用工业以太网 EtherNet/IP 协议的现场设备层，流通的数据基本是实时 I/O 数据，采用 UDP/IP 协议来传送，其优先级较高。

CID 的定义及格式是与具体网络有关的，比如，DeviceNet 的 CID 定义是基于 CAN 标识符的。通过获取 CID，连接报文就不必包含与连接有关的所有信息，只需要包含 CID 即可，从而提高了通信效率。如果连接涉及双向的数据传输，就需要两个 CID。

CIP 报文定义了显式报文和隐式报文两种报文类型，隐式报文是对时间有苛刻要求的 I/O 信息（时间触发、控制器互锁等等），此时数据量不大但需要高的速度或需要较长的源节点和其他节点连接时间，所以这部分采用的是速度较快的 UDP 协议；显式报文数据量较大但不需要一直连接，所以这部分采用 TCP 协议。

建立连接需要用到未连接报文。未连接报文需要包括完整的目的地节点地址、内部数据描述符等信息，如果需要应答，还要给出完整的源节点地址。建立连接需要用到未连接报文管理器（Unconnected Message Manager——UCMM），它是 CIP 设备中专门用于处理未连接报文的一个部件。无连接的报文通信是 CIP 定义的最基本的通信方式。设备的无连接通信资源由无连接报文管理器 UCMM 管理。无连接通信不需要任何设置或任何机制保持连接激活状态。

基于连接的报文通信，对应于两种 CIP 报文传输，CIP 连接也有两种，即显式连接和隐式连接。如果节点 A 试图与节点 B 建立显式连接，它就以广播的方式发出一个要求建立显式连接的未连接请求报文，网络上所有的节点都接收到该请求，并判断是否是发给自己的，节点 B 发现是发给自己的，其 UCMM 就做出反应，也以广播的方式发出一个包含 CID 的未连接响应报文，节点 A 接收到后，得知 CID，显式连接就建立了。隐式连接的建立更为复杂，它是在网络配置时建立的，在这一过程中，需要用到多种显式报文传输服务。CIP 把连接分为多个层次，从上往下依次是应用连接、传输连接和网络连接。一个传输连接是在一个或两个网络连接的基础上建立的，而一个应用连接是在一个或两个传输连接的基础上建立的。这种通信方式支持生产者/消费者模式的多点传输关系，一次向多个目的节点进行高效的数据传输。

但是，工业以太网也有瓶颈，主要是缺乏实时性和确定性、报文利用率低、回路供电、实时性环境适应等问题。以太网采用的 CSMA/CD 协议，不支持优先级。报文头部比较大，载荷数据相对较少，相对现在广泛应用的一些现场总线协议而言，报文利用率较低。总线上无电源。这不但增加了重新购买电源和布置电源线的费用，而且现有以太网线比现场总线更容易受到电磁干扰。缺乏工业级的接插件。由于工业现场存在的腐蚀性气体，震动、维修和检测时的经常拔插等问题。因此需要一种通用工业级接插件。但是工业级接插件的引入势必增加设备的投资。所以，目前 EtherNet/IP 工业以太网的应用主要是在自动化领域的信息层和控制层。在设备层则使用 ODVA 支持的 ControlNet 和 DeviceNet 现场总线，利用总线在设备层的抗干扰能力强等优点作为以太网的补充。

随着网络交换技术、全双工通信、流量控制等技术的发展，EtherNET/IP 工业以太网有一网到底的美景，它可以一直延伸到企业现场设备控制层，所以被人们普遍认为是未来控制网络的最佳解决方案。

5.2.2 Modbus TCP/IP

Modbus/TCP 在美国比较流行，Modbus/TCP 是 Modbus 协议的分支，是由 Modicon 开发的。1999 年公布了其规范，开始在以太网上应用。2004 年开始，Modbus/TCP 成为 PAS（Publicly Available Specification）文件，Modbus/TCP 基于以太网和标准 TCP/IP 技术，由于 Modbus/TCP 是较早应用于以太网的技术，所以在很多地方得到应用。

该协议以一种非常简单的方式将 Modbus 帧嵌入到 TCP 帧中，使 Modbus 与以太网和 TCP/IP 结合，成为 Modbus TCP/IP。每一个呼叫都要求一个应答，这种呼叫/应答的机制与 Modbus 的主/从机制相互配合，使交换式以太网具有很高的确定性，利用 TCP/IP 协议，通过网页的形式可以使用户界面更加友好。Modbus TCP/IP 的结构如图 5-10 所示。

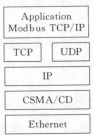

图 5-10　Modbus TCP/IP 的结构

利用网络浏览器查看企业网内部设备运行情况。施耐德公司已经为 Modbus 注册了 502 端口，这样就可以将实时数据嵌入到网页中，通过在设备中嵌入 Web 服务器，就可以将 Web 浏览器作为设备的操作终端。

与 Modbus 不同，在 Modbus TCP/IP 中不需要 CRC-16 或 LRC 检测域。TCP/IP 和以太网的链路层是用校验准确的数据包传送来保证的。

Modbus 强调在 1518 字节长度上传 256 字节，加之以太网的交换工作方式代替共享方式，大大降低冲突的概率。其报文含义如下：

000002-Tx：00 A3 00 00 00 06 01 03 00 00 00 0A

000003-Rx：00 A3 00 00 00 17 01 03 14 00 7B 01 10 00 00 00 00 00 00 00 00 00 00 00 00 00 00 00 00

000004-Tx：00 A4 00 00 00 06 01 03 00 00 00 0A

000005-Rx：00 A4 00 00 00 17 01 03 14 00 7B 01 11 00 00 00 00 00 00 00 00 00 00 00 00 00 00 00 00

000006-Tx：00 A5 00 00 00 06 01 03 00 00 00 0A

000007-Rx：00 A5   00 00   00 17   01 03 14 00 7B 01 12 00 00 00 00 00 00 00 00 00 00 00 00 00 00 00 00 00 00

00 A5：通信事务处理标识符，每次加 1

00 00：Modbus 通信

00 17：接下来的数据长度 17H 字节

01：设备地址

03：功能码

14：数据长度

5.2.3 ProfiNet

ProfiNet 是开放的、标准的、实时工业以太网标准，基于工业以太网，其 RT 可以在 1ms 内刷新 64 个 I/O 设备，其 IRT 可以在 1ms 内同步 150 个轴，且抖动精度小于 $1\mu s$。I/O 控制器最多可以连接 256 个 I/O 设备，对于整个以太网网络节点是无限制的。而且 I/O 控制器间可以实现实时的 ProfiNet CBA 通信，最小刷新时间为 1ms。ProfiNet 通信应用的分类见表 5-1。ProfiNet 结构如图 5-11 所示。

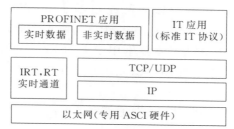

图 5-11　ProfiNet 结构

表 5-1　ProfiNet 通信分类

QoS 级别	应用类型	反应时间	抖动
1	控制器之间	100ms	—
2	分布式 IO 设备	10ms	—
3	运动控制	<1ms	$<1\mu s$
4	组态编程/参数	尽力	

由于其开放性，通信过程中不限制 TCP/IP 等非实时数据在同一根总线上进行传输，这样可以同时应用 IT 等服务，包括 Web、Email 等，并且可以同时传输语音和视频等数据。

节点安装简单，连接到交换机即可，这与办公室网络一样增加和减少设备十分方便。可以无缝集成已有的现场总线系统，例如 PROFIBUS，ASi，Interbus 等。

ProfiNet 同时支持故障安全系统，通过 ProfiSafe 行规进行安全节点间的通信。

ProfiNet 根据不同的应用场合定义了三种不同的通信方式，其循环过程见图 5-12。

① TCP/IP 标准通信。ProfiNet 基于工业以太网技术，使用 TCP/IP 和 IT 标准。在任何场合 ProfiNet 都提供对 TCP/IP 的全面支持。TCP/IP 是 IT 领域关于通信协议方面事实上的标准，尽管其响应时间大概在 100ms 的量级，对于工厂控制级的应用来说，这个响应时间就足够了。

② 实时（RT）通信。对于传感器和执行器设备之间的数据交换，系统对响应时间的要求更为严格，大概需要 5～10ms 的响应时间。目前，可以使用现场总线技术达到这个响应时间，如 PROFIBUS DP。

对于基于 TCP/IP 的工业以太网技术来说，使用标准通信栈来处理过程数据包，需要很可观的时间，因此，ProfiNet 提供了一个优化的、基于以太网第二层（Layer2）的实时通信通道，通过该实时通道，极大地减少了数据在通信栈中的处理时间，因此，ProfiNet 获得了等同、甚至超过传统现场总线系统的实时性能。

ProfiNet 通过软实时和硬实时方案对 ISO/OSI 参考模型的 2 层进行了优化，此层内所改进的实时协议对数据包的寻址不是通过 IP 地址实现，而是通过接收设备的 MAC 地址。

③ 等时实时（IRT）通信。在现场级通信中，对通信实时性要求最高的是运动控制（Motion Control），Profinet 的等时实时（Isochronous Real-Time，IRT）技术可以满足运动控制的高速通信需求，在 100 个节点下，其响应时间要小于 1ms，抖动误差要小于 1μs，以此来保证及时的、确定的响应。

要实现 IRT，通信周期分成确定性通道（时间间隔）和开放式通道，其通信循环如图 5-12 所示。循环的 IRT 数据在确定性通道进行交换，而 TCP/IP 和 RT 数据在开放式通道进行数据交换。这两种数据交换同时存在，这样用户无论何时都可以连接自己的笔记本到该系统中访问设备数据而不影响同步循环控制。

这种 IRT 技术是通过使用一个以太网控制器即 ERTEC 芯片实现。ASIC 家族的 ERTEC（Enhanced Real-Time Ethernet Controller 增强型实时以太网控制器）支持实时和等时实时（RT 和 IRT），并且作为基本技术用于 ProfiNet 一致性系统解决方案。ERTEC 400 集成到控制器和网络部件中，而 ERTEC 200 用于集成到现场设备中（I/O，drivers）。

时隙技术具有如下特点：

TCP/IP 或组播/广播通信不会对该实时通信有影响；

甚至可以进行交换机的级联；

精确的时间传输，是等时应用的基本技术；

预留 IRT 快车道，专为传输 IRT 数据。

IRT 通信的要求如下。

网段：仅在同一子网内进行数据交换，不能跨越路由器。

预订时间：带宽预留通信，与负载和过载情况无关。

时间同步：根据 IEEC1588 的网络时钟同步。

时钟主站。

通信必须提前规划。

ProfiNet 在实现网络同步时使用精确透明时钟协议（Precision Transparent Clock Protocol，PTCP）来记录传输链路时间参数。PTCP 位于 OSI 参考模型的第 2 层，不具路由功

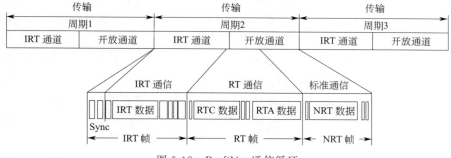

图 5-12　ProfiNet 通信循环

能，但具有显著优点，如同步精度高、消耗资源少、带宽使用少、管理要求低，并对网络组件的 CPU 性能和存储器性能无特殊要求。PTCP 主端用一个多播帧触发同步，其帧结构如图 5-13 所示。此帧的接收器通过接收到的同步信息调整自身的时钟。调整时不能破坏相应设备的本地时间记录。

ProfiNet 将同一个时钟进行同步的子网内所有通信参与者定义为一个 PTCP 子域。PTCP 子域内可实现 PTCP 主端和 PTCP 从端之间微秒级或亚微秒级时间同步。PTCP 同步是通过周期性地交换两个网络节点间的同步帧序列来实现的。

ProfiNet RT 数据帧（见图 5-14）根据 IEEE802.1Q/P 协议定义了报文的优先级，设备之间的数据流则由网络组件（比如交换机）依据此优先级进行处理，优先级 6 是用于实时数据的标准优先级，保证了 ProfiNet 实时数据的优先处理，需要注意的是交换机选型时需要支持该协议。

Pre-ambel	Sync	Source MAC	Des MAC	priority tagging*	Ether type	IRT Data	fcs
7bytes	1bytes	6bytes	6bytes	2bytes	2bytes	40*……1440bytes	4bytes

Ethertype for PROFINET：
Ethertype:0x8892(16 bits)

from	until	meaning
0100	7FFF	RT class Frames cyclic unicast or multicast

图 5-13　ProfiNet IRT 通信协议及其帧结构

Pre-ambel	Sync	Source MAC	Des MAC	priority tagging*	Ether type	Frame ID	Data	Cycle Counter	Data Status	Trans Status	fcs
7bytes	1bytes	6bytes	6bytes	4bytes	2bytes	2bytes	40*……1440bytes	2bytes	1bytes	1bytes	4bytes

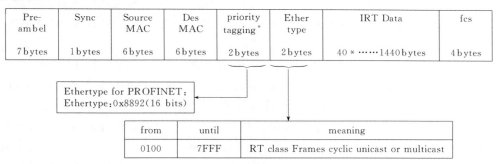

1	0	0	0	0	0	0	1	} VLAN 标识
0	0	0	0	0	0	0	0	
User Priority		CFI	VLAN ID		} 标签控制信息
VLAN ID			VLAN ID		

图 5-14　ProfiNet RT 通信协议及其帧结构

在标准报文结构中，目的地址和 Ethertype 之间插入了 4 个字节的 VLAN 标签，其中前两个字节 16#8100 表示 VLAN 优先级具有 3 个位，有 0~7 共 8 个优先级别。

尽管网络管理员必须决定实际的映射情况，但 IEEE 仍做了大量工作。最高优先级为 7，应用于关键性网络流量，如路由选择信息协议（RIP）和开放最短路径优先（OSPF）协议的路由表更新。优先级 6 和 5 主要用于延迟敏感（delay-sensitive）应用程序，如交互式视频和语音。优先级 4 到 1 主要用于受控负载（controlled-load）应用程序，如流式多媒体（streaming multimedia）和关键性业务流量（business-critical traffic）。

ProfiNet 的 I/O 实时报文的优先级为 6，与 RT 实时等级 1 的报文一样。

ProfiNet I/O 直接跳过 TCP/UDP/IP，以西门子自有的低层协议来实现，用于 I/O 数据高速交换。

目前，许多以太网交换机都能够支持多优先级业务的分类处理，即支持 IEEE802.1p，根据数据帧中的"用户优先级"字段内容的不同进行缓存、数据转发等操作。

事实上，对于 ProfiNet RT 不需要专用的交换机，而路由器在 ProfiNet 上是无法应用的。因为 ProfiNet 使用精简的堆栈结构，IP 地址是不存在于 ProfiNet 的 RT 报文中。所以 RT 数据不需要路由。这一点，与其他厂家的现场总线不同。

由于其他厂商仍然借助 TCP/IP 或 UDP/IP，对于交换机处理 3 层以上的开销大大增加，加重了交换机的负荷，提高了交换机的成本。而对于 ProfiNet 来说，只要支持 IEEE802.1p 的交换机都可以很好地支持 ProfiNet。

不过，SCALACNE X 不但支持 IEEE802.1p，而且还支持 TIA 的组态和诊断。也就是说全面支持 ProfiNet 的交换机不仅仅支持实时数据还支持集成诊断，例如 SCALANCE X208。ProfiNet IRT 却需要专用的交换机，这些交换机具有 IRT ERETEC 芯片。但是这个专用不是仅仅限于西门子的交换机产品。只有集成该芯片的交换机，可以快速地实现时钟同步和信号延时测量，普通交换机通过 IEEE1588 当网络负荷过重时无法完成这些功能。所以要想支持 ProfiNet IRT 必须需要专用的 ERETEC 芯片的交换机，例如 SCALANCE X204 IRT 等。

SCALANCE X 交换机优化数据传输。根据 IEEE802.1Q 规范，实时数据包被优先转发，网络部件基于优先级管理设备之间的数据流。实时数据的标准优先级是 6，是 ProfiNet 中第二高的优先等级，这保证对比优先级低的应用高优先级被优先处理。

SCALANCE X 以太网交换机会优先对高优先级的堆栈中的高优先级数据进行转发。参考图 5-15 为 IEEE802.1p 报文优先转发原则。例如，帧 1 正在被发送，表明不会中断正在发起的数据传输。帧 2 的优先级低于帧 3，所以优先转发帧 3。最终端口 1 的数据帧发送顺序为帧 1，帧 3，帧 2。

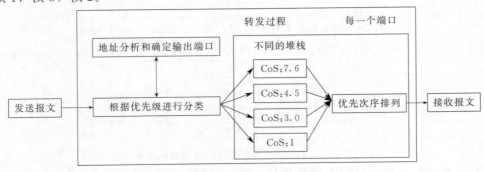

图 5-15　SCALANCE X 交换机优先级堆栈

5.3 OPC

5.3.1 OPC 与 COM

OPC（OLE for Process Control，用于过程控制的 OLE）为基于 Windows 的应用程序和现场过程控制应用建立了桥梁。在过去，为了存取现场设备的数据信息，每一个应用软件开发商都需要编写专用的接口函数。由于现场设备的种类繁多，且产品的不断升级，往往给用户和软件开发商带来巨大的工作负担。通常这样也不能满足工作的实际需要，系统集成商和开发商急切需要一种具有高效性、可靠性、开放性、可互操作性的即插即用的设备驱动程序。在这种情况下，OPC 标准应运而生。

OPC 是基于微软公司开发的组件对象模型（Component Object Model，COM）技术。COM 是一种软件组件间相互数据交换的有效方法。COM 技术具有以下特点。

COM 并不是一种计算机语言，它与运行的机器、机器的操作系统以及软件开发的语言无关，而是在任意的两个软件组件之间都可以相互通信的二进制和网络的标准。

COM 服务器是根据 COM 客户的要求提供 COM 服务的可执行程序，作为 Win32 上可执行的文件发布。

COM 客户程序和 COM 服务器可以用完全不同的语言开发。这样使利用 C++，Visual Basic 以及 Excel 所开发的程序可以相互连接。

COM 组件可以以二进制的形式发布给用户。

与过去 DLL 版本管理非常困难的问题相比，COM 技术可以提供不同版本的 COM 服务器和 COM 客户程序之间的最大的兼容性。

作为 COM 技术扩展的分布式 COM（DCOM）技术，更可以使 COM 组件分布在不同的计算机上，通过网络互连并互相交换数据。

COM 技术的出现为简单地实现控制设备和控制管理系统之间的数据交换提供了技术基础。但是如果不提供一个工业标准化的 COM 接口，各个控制设备厂家开发的 COM 组件之间的互联仍然是不可能的。这样的工业标准的提供，正是 OPC 的目的所在。OPC 是作为工业标准定义的特殊的 COM 接口。

随着基于 OPC 标准的控制组件的推广和普及，不仅使控制系统的增设和组件的置换更加简单，而且使过程数据的访问也变得容易，如过程控制程序可以直接与数据分析软件包或电子表格应用程序连接、从而达成高度的工厂控制系统的信息化。

5.3.2 OPC 的数据访问方法

OPC 的数据访问方法分别有同步访问、异步访问和订阅式数据采集方式三种。

（1）同步数据访问方式

OPC 服务器把按照 OPC 应用程序的要求得到的数据访问结果作为方法的参数返回给 OPC 应用程序，OPC 应用程序在结果被返回之前必须处于等待状态。如图 5-16 所示。

同步访问特点为：读取指定 OPC 标签对应的过程数据时，应用程序一直要等到读取完为止；写入指定 OPC 标签对应的过程数据时，应用程序一直等待写入完成为止。当客户数据较少而且同服务器交互的数据量比较少的时候可以采用这种方式，然而当网络堵塞或大量客户访问时，会造成系统的性能效率下降。

（2）异步数据访问方式

OPC 服务器接到 OPC 应用程序的要求后，几乎立即将方法返回，不再等待。OPC 应用程序随后可以进行其他处理。当 OPC 服务器完成数据访问时，OPC 服务器转换角色充当成客户程序，而原来的客户程序此时可以看成是服务器。OPC 服务器主动触发 OPC 应用程序的异步访问完成事件，将数据访问结果传送给 OPC 应用程序。OPC 应用程序在其事件处理程序中接收从 OPC 服务器传来的数据。如图 5-17 所示。

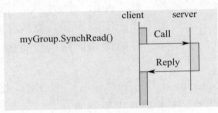

图 5-16　OPC 的同步（synchronous）读取

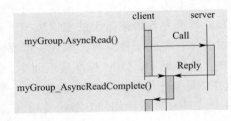

图 5-17　OPC 的异步（Asynchronous）读取

其特点为：读取指定 OPC 标签对应的过程数据，应用程序发出读取要求后立即返回，读取完成时发生读取完成事件，OPC 应用程序被调用；写入指定 OPC 标签对应的过程数据，应用程序发出写入要求后立即返回，写入完成时发出写入完成事件，OPC 应用程序被调用。因此异步方式的效率更高，能够避免多客户大数据请求的阻塞，并可以最大限度地节省 CPU 和网络资源。

（3）订阅式数据访问方式

并不需要 OPC 客户应用程序向 OPC 服务器提出要求，而是服务器周期性地扫描缓冲区的数据，如果发现数据变化超过一定的幅度时，则更新数据缓冲器，并自动通知 OPC 应用程序。这样 OPC 客户应用程序就可以自动接到 OPC 服务器送来的变化通知的订阅方式数据采集（Subscription）。如图 5-18 所示。

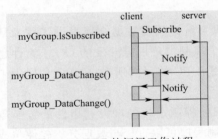

图 5-18　OPC 的订阅工作过程

订阅式数据采集方式实际上也属于异步读取方式的一种。采用订阅式数据采集方式的服务器按一定的更新周期（Update Rate）更新数据缓冲器的数值时，如果发现数据有变化时，就会以数据变化事件（Data Change）通知 OPC 应用程序。OPC 服务器支持死区（Dead Band），而且 OPC 标签的数据类型是模拟量的情况，只有当前值与前次值的差的绝对值超过一定的限度时，才更新缓冲器数据并通知 OPC 应用程序。由此可以无视模拟值的微小变化，从而减轻 OPC 服务器和 OPC 应用程序的负荷。

其特点为：服务器用一定的周期检查过程数据，发现数字数据变化或者模拟数据的变化范围超过不敏感区后，立刻通知客户程序，传递相应信息。订阅式技术基于"客户-服务器-硬件设备"模型，在服务器中的内部建立预定数据的动态缓存，并且当数据变化时对动态缓存给予刷新，并向订阅了这些数据的客户端发送。这使得网络上的请求包数大大减少，并有效降低了对服务器的重复访问次数。在数据点很多的情况下，这种通信方式的优势更能凸现出来。

5.3.3 OPC 工作过程及对象层次模型

在服务器端，数据存储通常采用线性存储结构和哈希式存储结构，当实时数据量大的时候，哈希式存储结构的访问效率明显高于线性结构。图 5-19 为 OPC 工作过程。

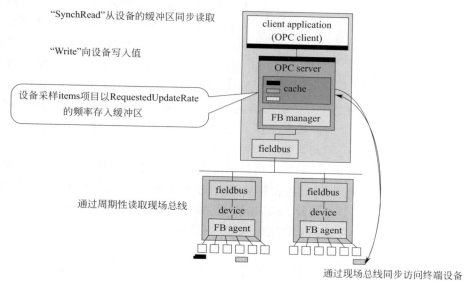

图 5-19　OPC 工作过程

OPC 逻辑对象模型包括 3 类对象：OPC Server 对象、OPC Group 对象、OPC Item 对象，每类对象都包括一系列接口。

（1）服务器（OPC Server）

OPC Server 即 OPC 启动服务器，通过它获得其他对象和服务的起始类，并用于返回 OPC Group 类对象。OPC Server 级别有多重属性，其中包含一个 OPC 服务器对象的状态和版本等信息。这种级别中的对象由客户应用创建。OPC Server 接口包含管理 OPC Group 级别中的对象的方法。如将组加入服务器或从服务器中删除组的方法（"Add Group"，"Remove Group"）。

IOPC Browse Server Address Space 接口包含查找服务器地址空间的方法。IOPC Common 接口方法用于通知服务器语言的设置和客户机的名称。

（2）组（OPC Group）

OPC 组对象提供满足 OPC 应用程序要求的数据访问手段。OPC 组对象可以 DLL 的形式被 OPC 服务器聚合。组对象用于组织管理服务器内部的实时数据信息，它是 OPC 项（items）对象的集合。正因为有了组对象，OPC 应用程序就可以成批地对所需要的数据进行访问，也可以组为单位启动或停止数据访问。其主要功能：管理组对象内部的状态信息；创建和管理项对象；进行数据访问。

标准 OPC 组对象及其定制接口如图 5-20 所示，IOPCGroup StateMgt 用来管理组对象内部的状态信息、处理组专用的参数或复制组，如更新速率；IOPCItemMgt 接口用来创建

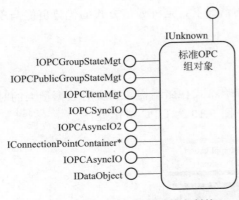

IUnknown

标准OPC
组对象

IOPCGroupStateMgt
IOPCPublicGroupStateMgt
IOPCItemMgt
IOPCSyncIO
IOPCAsyncIO2
IConnectionPointContainer*
IOPCAsyncIO
IDataObject

图 5-20　标准 OPC 组对象及其定制接口

和管理项对象，如接口提供将项加入组或从组中删除项的方法（"Add Item"，"Remove Item"）。

进行数据交换时使用的是 IOPCSyncIO 接口和 IOPCAsyncIO2 接口，前者用于同步数据传输，后者用于异步数据传输。

一个 OPC 客户能够创建多个组，各个组的 OPC 数据项的刷新速度可以不同。一个组只能存在于一个 OPC 客户中，不同的 OPC 客户能够在同一个 OPC 服务器中创建各自的服务器对象和组对象，但是不能访问一个已经存在的服务器对象或组对象（公共组例外）。因此一个组对象与一个 OPC 客户相关联，通知数据变化而不管是否有多个连接数。因为实际的数据在经常变化，组里的每个项需要存储数值、时间戳和品质发送到 OPC 客户。当一个组在回传数据时，它比较最近的品质和值，如果有不同，就回传到 OPC 客户。

每个组有一个更新速度和一个死区。更新速度是指数据被评估和回传到 OPC 客户的速度。如果 OPC 服务器从一些物理设备扫描数据，此更新速度通常是物理设备扫描的速度。当有多个组同时访问相同的数据块时，Cache 中的数据可以提高效率。死区是过滤数据变化的一种机制，可以有效减少发送到 OPC 客户的数据的数量。

（3）项（OPC Item）

OPC Item 存储具体 Item 的定义、数据值、状态值等信息。OPC Item 级别的一个对象代表与一个过程变量的连接。该对象的唯一接口是 OPC Item Disp。关于 OPC Item 的信息可以在属性表中找到，例如数值（"Value"）属性或存取路径（"Access Path"）属性。

OPC 对象的层次模型如图 5-21 所示，OPC Server 是 OPC-Server 的一个实例。在创建其他对象前，必先建立 OPC Server 对象，它包含了 OPC Group Collection 和 OPC Browser 对象。

一个 OPC Groups 集合包含所有的 OPC Group 对象，在 OPC Server 的范围内，客户可以生成 OPC Group。通过 OPC Server Connection 自动连接应用。

OPC Group 是 OPC Group 的一个实例，它包含自身的状态信息，同时提供 OPCItems 集合的对数据的访问，它自动含有一个 Items 集合对象，允许客户端来组织它们需要访问的数据。OPCGroup 可以作为一个单元来进行激活或停止激活操作。

```
OPCServer
  OPCGroups(collection)
    OPCGroup
      OPCItems
      (collection)
        OPCItem
        OPCItem
        OPCItem
  OPCBrowser
```

图 5-21　OPC 对象的层次模型

OPCItems 包含客户在此 OPCServer 中的 OPCItem 对象。

OPCItem 项对象表示与 OPC 服务器内某个数据的连接。各个项包含了数据值、质量标志以及采样时间。数据值的类型为 VARIANT。

5.3.4　OPC 客户端访问

OPC DAauto. dll 是对 OPC DA 接口的包装，它提供了自动化接口，方便客户端程序访问 OPC 服务器。图 5-22 为基于自动化接口的 OPC 客户端实时数据采集系统开发流程。首先在 Windows 系统中对其进行注册。图 5-23 为通过 OPC Automation 的 OPC Server 对象遍历本机 OPC 服务器并对其 Item 进行管理的功能界面。

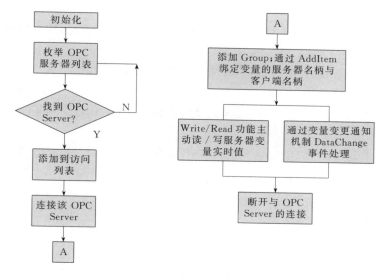

图 5-22　OPC 客户端实时数据采集流程

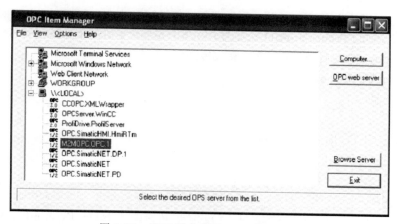

图 5-23　OPC 服务器及 Item 管理界面

其 VB 的关键实现如下：

```
Dim WithEvents MyOPCServer As OPCServer//变量及对象声明
Dim WithEvents MyOPCGroup As OPCGroup……
Private Sub CmdServerFind_Click()    //遍历本机的 OPC Servers
Dim anOPCServer As New OPCAutomation. OPCServer
Dim ServerList As Variant
Dim I As Integer
ServerList＝anOPCServer. GetOPCServers("wangh01")
List1. Clear
For I＝Lbound(ServerList)To Ubound(ServerList)
List1. AddItem ServerList(i)
Next i
```

End Sub

Sub Intial()   //初始化创建 OPCServer,OPCGroups,OPCItems 等对象的实例
Set MyOPCServer＝New OPCServer
MyOPCServer. Connect "OPCServer. WinCC","wangh"
……
MyOPCItemColl. AddItems TagCount, ItemIDs（）, ClientHandles（）, ServerHandles
（）,Errors
//变量绑定:TagCount 绑定变量数量;ItemIDs 变量 ID;ClientHandles 客户端柄;
ServerHandles 服务器端柄
Exit Sub
ErrorHandler:
……
End Sub
Private Sub MyOPCGroup _ DataChange（ByVal TransactionID As Long, ByVal Nu-
mItems As Long,ClientHandles()As Long,ItemValues()As Variant,Qualities()As Long,
TimeStamps()As Date)
//数据变更通知:TransactionID 任务号;NumItems 改变值的 tag 数量;ClientHandles 客
户端柄;ItemValues 改变后数据值;通过参数传递值
For I＝1 To NumItems
读取改变变量
……
    On Error GoTo ErrorHandler
Next i
Exit Sub
ErrorHandler:
TextBox1. Text＝TextBox1＋CStr(Now())&"更新错误:" &Err. Description &vbCrLf
End Sub

思 考 题

1. 交换式以太网的优点是什么?
2. 常用的工业以太网有哪些?
3. ProfiNet 的结构及特点是什么?
4. OPC 客户端是如何获得服务器的数据的?

第 **6** 章
工业控制网络的设计与应用

生产线产品为托辊，广泛应用于物料的输送，如图 6-1 所示。生产线完成由原料管材、棒料到产品的全部过程。如图 6-2 所示，选用 6 套西门子 840D，采用多通道技术，按照空间区域划分，分为 6 个区域，协同完成任务。每个通道的划分，以独立互不干涉为原则，预见性确定。

图 6-1　生产线的产品

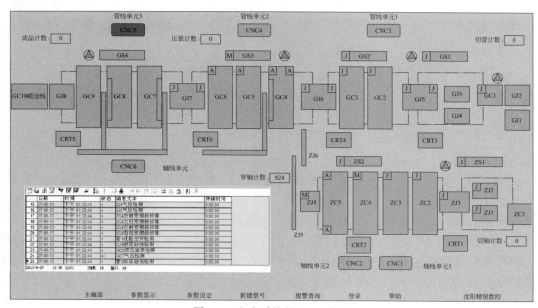

图 6-2　生产系统的 HMI 全图

CNC 控制区域具体细分如下：①轴线 1 单元包含 ZC1 切轴机，ZJ1、2、3 翻料及分料装置，ZS1 框架机械手，ZC2 钻中心孔，ZC3 铣扁机床；②轴线 2 单元包含 ZC4 钻孔机床，ZC5 车加工机床，ZS2 框架机械手，ZJ4、5、6 翻料、分料及输送装置；③管线 1 单元包含 GC1 切管机床，GC2 铣端面机床；GC3 除屑机床；GS1、GS2 框架机械手；GJ5、GJ6 储料仓；④管线 2 单元包含 GC4 压装机床；GC5 焊接机床；GC6 压卡圈机床；GS3 框架机械手；GJ7 储料仓；⑤管线 3 单元包含 GC7、GC8 压密封圈机床；GC9 产品测量机床；GS4 框架机械手；GJ8 储料仓；⑥分装线单元包含 FZ1、FZ2、FZ3，运送轴承、端盖等附件。生产系统结构见图 6-3。

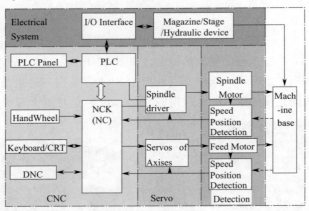

图 6-3　CNC 数控机床结构功能

6.1　NC 与 PLC 的信息交换

图 6-4 中交换区（Exchange Area）存储器可以被双向访问，PLC、NC 的信息在此交换，双方需要有体现统一要求的处理方法。PLC 与 CNC 之间交换的信息分两个方向进行。

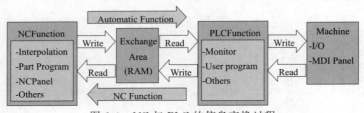

图 6-4　NC 与 PLC 的信息交换过程

①　由 CNC 至 PLC 的信息主要包括功能代码 M、S、T、D 的信息、手动/自动方式信息、各种使能信息等；CNC 状态；伺服轴运动状态；主轴状态和转速值；手动倍率；显示页面、模式信息；G 功能状态；报警状态等其他信息。

②　由 PLC 至 CNC 的信息主要包括 M、S、T 功能的应答信息、机床侧 I/O 信息、各种坐标轴机床参考点信息等。PLC 至 CNC 命令包括轴运动使能；模式选择；轴组选择；主轴速度；M 功能回应；手轮、倍率控制等其他。

由 PLC 向机床发送的信息主要是控制机床的执行元件及各种状态指示和故障报警等；而由机床向 PLC 发送的信息主要有机床操作面板输入输出信息、各运动限位开关，主轴状态监视信号和伺服系统运行准备信号等。

840D 中的交换区采用 DB 数据块方式，DB 块的内容说明：DB11～DB14 方式组（mode group）接口，根据设置的方式组数量生成，如果设置为 1，只生成 DB11，如果设置为 4，可生成 DB11～DB14，格式为 UDT11，如果没有那么多的方式组，最后的几个 DB 可以安排其他用途。

DB20 PLC 机床数据如下。

DB21～DB30：NC 通道接口，是根据设置的通道数量生成的，格式为 UDT21，如果没有那么多的通道，最后的几个 DB 可以安排其他用途。

DB31～DB61：轴/主轴号 1 到 31 预留接口，根据设置的数控轴数量生成，如果设置为 1，只生成 DB31，如果设置为 32，可生成 DB31～DB61，格式为 UDT31，如果没有那么多的数控轴，最后的几个 DB 可以安排其他用途。

6.2 M 代码的解码

M 代码是 Part 加工程序发送给 PLC 要求完成的逻辑功能，在 PLC 用户程序中进行解码，对协调 NCK、PLC 双方的动作至关重要。可以是一个逻辑动作，也可以是一个条件的查询，同步的等待，非常灵活。具体实现如图 6-5 所示。

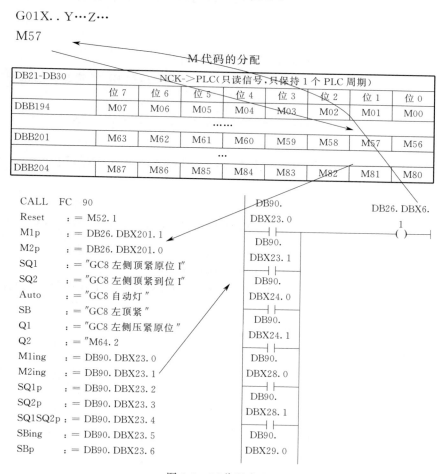

图 6-5　M 代码实现

FC90 为自动伸缩功能块，M57 为伸出，M58 为收回，M1ing 表示 M57 正在执行中，M2ing 表示 M58 正在执行中。当程序执行到 M57 时，DB25.DBX6.1（读入禁止）被置位，待执行完毕后，解除读入禁止，Part 加工程序才能继续执行，否则处于等待之中。

6.3 PLC 信息的直接读入和通道等待

NC 和 PLC 的数据交换方式如下。

① 当硬件未使用模拟量时使用 $A_INA[**]$、$A_OUTA[**]$。例如 PLC 在程序中将 DB10.DBW148 设为某个数据时，可以通过用 NC 变量 $A_IN[1]$ 读出，这样就实现了 NC 和 PLC 的数据交换。

② H 功能。

③ 使用 PLC 基本程序功能块 FB2/FB3。

④ 使用 PLC 基本程序功能块 FC21（$A_DBD、$A_DBR）。

在 Part 工件程序中，逻辑功能实现方便，以向四层货仓存料为例说明，要求放置顺序为 2->3->4->1。

BB：

IF $A_IN[14]==0 GOTO BB5//货台没料则等待

IF(($A_IN[14]==1)AND($A_IN[16]==0))GOTO BB2//货仓 2 层没料，先放入 2 层

IF(($A_IN[14]==1)AND($A_IN[16]==1)AND($A_IN[17]==0))GOTO BB3//货仓 3 层放货

IF(($A_IN[14]==1)AND($A_IN[16]==1)AND($A_IN[17]==1)AND($A_IN[18]==0))GOTO BB4

//货仓 4 层放货

IF(($A_IN[14]==1)AND($A_IN[16]==1)AND($A_IN[17]==1)AND($A_IN[18]==1)AND

($A_IN[15]==0))GOTO BB1//货仓 1 层放货

IF(($A_IN[14]==1)AND($A_IN[15]==1)AND($A_IN[16]==1)AND($A_IN[17]==1)AND

($A_IN[18]==1)GOTO BB5//全满

BB4：去第 4 层，翻料进仓 GOTO BB5

BB3：去第 3 层，翻料进仓 GOTO BB5

BB2：去第 2 层，翻料进仓 GOTO BB5

BB1：去第 1 层，翻料进仓 GOTO BB5

BB5：返回接料处，等待送到货台

WAITM(4,8,7)   //通道协同

GOTO BB

6.4 柔性参数化生产模式

由于托辊的种类多变，随订单的变化而变化频繁，如果 Part 程序固定、机床调整量为手动，则严重制约生产效率。智能化生产要求其 Part 程序采用参数化编程，只要调出描述托辊的参数，自动完成调整，并正确加工。图 6-6 为柔性参数化生产的设置画面，在输入描述产品的参数后，可下载到各 840D 的各个通道，自动调整机床。该组数据也可标号保存在数据库中，方便下次调用。

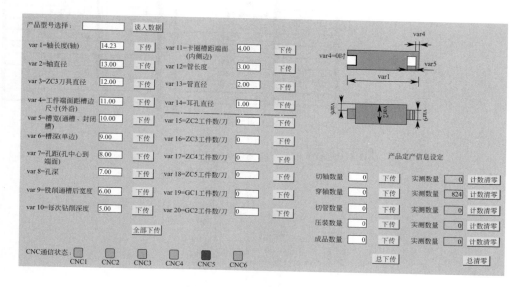

图 6-6 参数化柔性生产设置

为保证 Profibus 各网段运行可靠，采用 DP-Coupler 将各 840D 与上级 PLC 隔离，从上级 PLC DP 主站视图看，网络结构如图 6-7 所示，从每个 840D CNC DP 主站的视角看，其结构如图 6-8 所示，IM361 为本地 I/O 的扩展机架，Coupler 对于每个网段都是从站，起到网关的作用。

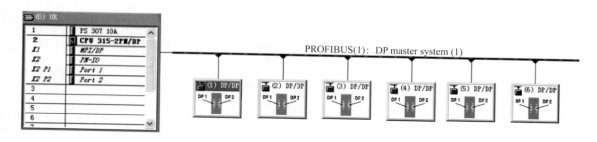

图 6-7 基于 Profibus 的系统结构

大量的数据通信需要在 HMI/SCADA 与 CNC 之间进行，其过程如图 6-9 所示，Master PLC 为 S7-315 CPU。

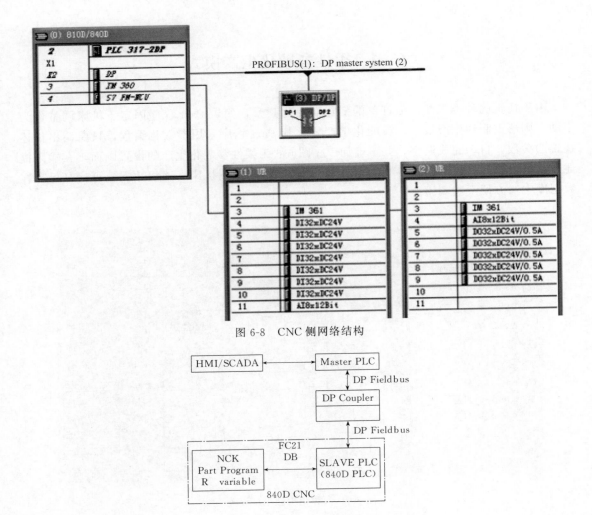

图 6-8　CNC 侧网络结构

图 6-9　柔性设置实现过程

其中，FC21 使用方式如下

CALL FC21

IN0：＝TRUE   //Enable

IN1：＝B♯16♯4   //3 Read From NC，4 Write to NC；PLC->NC

IN2：＝P♯DB578. DBX 0. 0 DWORD 20   //Pointer of Address，and Length

IN3：＝48   //Data Offset DB578. DBD0 ＄A＿DBD［48］

IN4：＝-1

OUT5：＝" FC21OUT5"   //传送出错位

OUT6：＝" FC21OUT6"   //Error Code

将自定义的数据块 DB578 中数据写入交换区，在 Part 工件程序中用＄A＿DBR［］的形式读出。

由于 DP 从站（Coupler）的组态地址有限，在大量传输数据时无法完成任务，故采用串行方式传送，在发送方和接收方开出相同大小的 DB，通过指针方式串行输送，接受方做相反的操作，将数据保存在 DB 中，过程如图 6-10 所示。

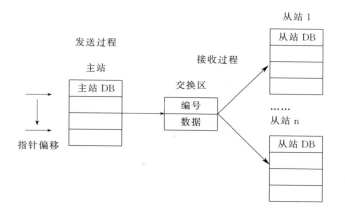

从站 1

从站 DB

发送过程

主站

接收过程

主站 DB

交换区

编号

数据

指针偏移

......

从站 n

从站 DB

图 6-10　串行传送过程

L " 位置号->"

L 32

＊I

T ＃tempOffsetfa

OPN DB 1

L P＃0.0//初始读指针

LAR1

L ＃tempOffsetfa

L IW 100

L 32

＊I

T ＃tempOffsetshou

OPN DB 578

L P＃0.0//初始读指针

LAR1

L ＃tempOffsetshou

＋AR1

L ID 102

＋AR1

L DBD［AR1，P＃0.0］

T QD 102

T QD 202

T QD 302

T QD 402

T QD 502

T QD 602

T DBD［AR1，P＃0.0］

接收端的 Part 工件程序中，采用 R 变量读入尺寸参数，为固定的子程序 L0 以便调用。L0 子程序：

R1＝＄A＿DBR［0］

R2＝＄A＿DBR［4］

R3＝＄A＿DBR［8］

...

R14＝＄A＿DBR［52］

......

Part 加工程序如下，其中 R12 是从上位机读到的托辊宽度值，用以确定框架机械手的抓料位置，自动调整。

```
L0
…
G01 X-10 Z＝75＋（R12/2-60）C97
WAITM（3，2，3）
BB：
…
G01 X-10 Z＝75＋（R12/2-60）C97
…
/WAITM（1，2，3）
G01 X＝（R12/2-60）＋600.2    Z2667.656 C7
…
/WAITM（2，2，3）
G01 X-10 Z＝75＋（R12/2-60）C97
GOTO BB
```

6.5　刀具磨损的自动检测及产品合格自动检测

智能生产线中刀具的磨损检测至关重要，如图 6-11 所示，被检测工件分三段检测 A、B、C，其中 B 段为宽度 2mm 的切槽刀，极易损坏，如果不能及时发现，则产生大量的废品，图 6-11 为检测刀具损坏的过程。

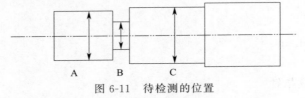

图 6-11　待检测的位置

试切合格工件后，记录 CCD 传感器对应的 3 段位置的显示值，加上公差带，即为极限值。将 6 个极限值输入到加工程序最前 6 行的 R 变量中。

R1＝；A 段尺寸下限

R2＝；A 段尺寸上限

R3＝；B 段尺寸下限

R4＝；B 段尺寸上限

R5＝；C 段尺寸下限

R6＝；C 段尺寸上限

加工完成后，开始检测。M71、M72、M73 为三个不同位置的检测码（ZC5 右侧通道有同样的检测码）：

A 段移动到被 CCD 照射，M71 启动检测；B 段、C 段用 M72、M73 启动检测；M79 为取消检测。M71 \ M72 \ M73 \ M79 互相取消。

检测期间，出现超差，ZC5 进入循环暂停，并报警。

6.6　产品合格检测

GC9 包括径向跳动、扭矩、轴窜三项检测内容。含有 9 个传感器：径向跳动 2 个、扭矩、垂直压力、右压力、左压力、轴窜 3 个。图 6-12 为运行时的实时监控画面，图 6-13 为产品生产指标的报表。

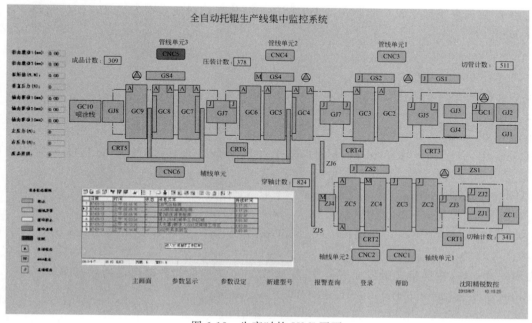

图 6-12　生产时的 HMI 画面

1	产品生产指标数据统计									
2	起始时间	2013-9-5 16：9：9		终止时间	2013-9-5 16：29		产品数量	25		查询开始
3	生产时间	径向跳动1 （mm）	径向跳动2 （mm）	扭矩 （N.m）	垂直拉压力 （N）	轴向窜动1 （mm）	轴向窜动2 （mm）	轴向窜动3 （mm）	左压力 （N）	右压力 （N）	故障 码
17	2013-9-5 16：22	0.10	0.24	0.19	1655	0.20	0.19	0.16	3854	5489	0
18	2013-9-5 16：23	0.07	0.10	0.18	1603	0.23	0.23	0.23	3359	5269	0
19	2013-9-5 16：23	0.07	0.10	0.19	1565	0.25	0.25	0.24	3056	5321	0
20	2013-9-5 16：24	0.03	0.00	0.19	1594	0.08	0.08	0.07	3084	5289	0
21	2013-9-5 16：24	0.17	0.21	0.18	1600	0.17	0.17	0.16	3304	5188	0
22	2013-9-5 16：25	0.07	0.10	0.18	1551	0.20	0.19	0.18	3249	5234	0
23	2013-9-5 16：26	0.00	0.03	0.21	1574	0.07	0.08	0.07	3032	5275	0
24	2013-9-5 16：26	0.14	0.03	0.17	1580	0.10	0.10	0.09	3177	5217	0
25	2013-9-5 16：27	0.07	0.00	0.18	1632	0.26	0.23	0.23	3145	5298	0
26	2013-9-5 16：27	0.24	0.07	0.16	1557	0.19	0.19	0.19	2998	5370	0
27	2013-9-5 16：28	0.10	0.07	0.19	1675	0.27	0.25	0.25	3857	5472	0
28	2013-9-5 16：29	0.10	0.03	0.20	1033	0.23	0.22	0.21	2497	5211	0
29	当前误差范围设定	径向跳动：		扭矩最大值：		轴向窜动：					
30	故障码说明：	0：合格	1：左径跳 超差	2：右径 跳超差	4：扭矩 超差	8：轴窜1 超差	16：轴窜2 超差	32：轴窜3 超差			

图 6-13　数据统计及报表

M71 同时启动左右两侧的径向跳动 CCD 检测、扭矩检测，M71 期间，如果力矩超标，停主轴；

M72 为右顶紧时的轴向极限值；

M73 为左顶紧时的轴向极限值；

M79 为取消检测。

M71 \ M72 \ M73 \ M79 互相取消。

PLC 部分：采集记录 MAX、MIN（略）。

生产数据存于数据库功能，在每个工件加工完成后，触发数据的记录，其代码如下：

```
Sub write()
Dim objConnection
Dim strConnectionString
Dim lngValue
Dim strSQL
Dim objCommand
strConnectionString="Provider=MSDASQL;DSN=whTBodbc;UID=;PWD=;"'连接数据库
lngValue=HMIRuntime. Tags("AIGYW1"). Read'读取实时变量
lngValue=lngValue * 100/27648
strSQL="INSERT INTO whHistory(whTime,LYSS1) VALUES('" & Now() & "','" & lngValue &"');"
'表事先建立好,按照格式触发插入操作,将从 S7-300 中读取的数据保存到数据库
Set objConnection=CreateObject("ADODB. Connection")
objConnection. ConnectionString=strConnectionString
objConnection. Open
Set objCommand=CreateObject("ADODB. Command")
With objCommand
. ActiveConnection=objConnection
. CommandText=strSQL
End With
objCommand. Execute
Set objCommand=Nothing
objConnection. Close
Set objConnection=Nothing
End Sub
检测结果送上位机,报表
Private Sub CommandButton1_Click()
Dim strTime1 As String
Dim strTime2 As String

Dim strConnectionString
```

```
Dim strSQL
Dim objConnection
Dim objCommand
Dim objRS

Dim CurTypeCode
Dim var1,var2,var3,var4,var5,var6,var7,var8,var9,var10,var11,var12,var13,var14

For i=4 To m+3
Sheet1. Cells(i,1)=""
Sheet1. Cells(i,2)=""
…
Sheet1. Cells(i,10)=""
Sheet1. Cells(i,11)=""
Next i
Sheet1. Cells(m+4,1)=""
Sheet1. Cells(m+4//
strTime1=TextBox1. Text
strTime2=TextBox2. Text

strConnectionString="Provider=MSDASQL;DSN=TGodbc02;UID= ;PWD= ;"
strSQL="SELECT ＊ FROM FinalData Where whTime Between"&"'"&strTime1 &"'"&."
AND"&"'"&strTime2 &."'"
'MsgBox strSQL

Set objConnection=CreateObject("ADODB. Connection")
Set objRS=CreateObject("ADODB. Recordset")
Set objCommand=CreateObject("ADODB. Command")

objConnection. ConnectionString=strConnectionString
objConnection. CursorLocation=3
objConnection. Open
With objCommand
. ActiveConnection=objConnection
. CommandText=strSQL
End With

Set objRS=objCommand. Execute
m=objRS. RecordCount
'MsgBox m
```

```
Sheet1. Cells(2,2)=strTime1
Sheet1. Cells(2,5)=strTime2
Sheet1. Cells(2,8)=m

If Not(objRS. EOF And objRS. bof)Then
objRS. MoveFirst
For i=4 To m+3

Sheet1. Cells(i,1)=objRS. Fields(0). Value
Sheet1. Cells(i,2)=objRS. Fields(1). Value
.
Sheet1. Cells(i,10)=objRS. Fields(9). Value
Sheet1. Cells(i,11)=objRS. Fields(10). Value
objRS. MoveNext
Next i

Sheet1. Cells(m+4,1)="当前误差范围设定"
Sheet1. Cells(m+4,2)="径向跳动:"
Sheet1. Cells(m+4,4)="扭矩最大值:"
Sheet1. Cells(m+4,6)="轴向窜动:"

Sheet1. Cells(m+5,1)="故障码说明:"
Sheet1. Cells(m+5,2)="1 左径跳"
Sheet1. Cells(m+5,3)="2 右径跳"
Sheet1. Cells(m+5,4)="3 扭矩"
Sheet1. Cells(m+5,5)="4 轴窜 1"
Sheet1. Cells(m+5,6)="5 轴窜 2"
Sheet1. Cells(m+5,7)="6 轴窜 3"
Else
End If
Set objRS=Nothing
Set objConnection=Nothing
End Sub
```

参 考 文 献

［1］　阳宪惠 . 工业数据通信与控制网络［M］. 北京：清华大学出版社，2003.
［2］　阳宪惠 . 现场总线技术及其应用［M］. 北京：清华大学出版社，2008.
［3］　夏继强 . 现场总线工业控制网络技术［M］. 北京：北航出版社，2005.
［4］　李正军 . 现场总线及其应用技术［M］. 北京：机械工业出版社，2008.
［5］　陈在平 . 现场总线及工业控制网络技术［M］. 北京：电子工业出版社，2008.
［6］　杨卫华 . 现场总线网络［M］. 北京：高等教育出版社，2004.
［7］　瞿坦 . 数据通信及网络基础 . 武汉：华中理工大学出版社，1996.
［8］　罗伟雄，韩力，原东昌等 . 通信原理与电路［M］. 北京：北京理工大学出版社，1999.
［9］　邬宽明 . 现场总线技术应用选编［M］. 北京：北京航空航天大学出版社，2000.
［10］　张益 . 现场总线技术与实训［M］. 北京：北京理工大学出版社，2008.
［11］　孙鹤旭等 . PROFIBUS 现场总线控制系统的设计与开发［M］. 北京：国防工业出版社，2007.
［12］　龚仲华 . S7-200/3007400PLC 应用技术［M］. 北京：人民邮电出版社，2008.
［13］　潘新明 . 计算机通信技术［M］. 北京：电子工业出版社，2002.
［14］　周廷显，王木坤 . 数据通信基础［M］. 北京：宇航出版社，1992.
［15］　李旭 . 数据通信技术教程［M］. 北京：机械工业出版社，2001.
［16］　倪维祯，高鸿翔 . 数据通信原理［M］. 北京：北京邮电大学出版社，1996.